KB018530

선량한 이웃들

Wie kommt die Laus aufs Blatt?

Wissenswertes und Kurioses rund um die Tiere in unseren Garten.

Written by Andreas Barlage

선량한 이웃들

안드레아스 바를라게 지음
류동수 옮김

일러두기

책에 실린 모든 그림의 출처는 슈투트가르트의 뷔르템베르크 주립도서관 소장 도서입니다. 그림 사용 허가에 대한 감사의 뜻을 표합니다.

프롤로그

선량한 이웃을 기대하며

스트레스 없는 이웃 관계를 원하고 있는가? 잘 알다시피 그것이 성공하기 위해서는 기본적으로 서로의 영역을 침범하지 않아야 한다. 여기서 수준이 더 높아지면, 크고 작은 일이 생길 때마다 힘닿는 데까지 서로 돕고 뒷받침하는 이른바 '잘 돌아가는 이웃 관계'가 만들어진다.

이러한 관계는 발코니, 테라스 또는 정원에서도 동일하게 이루어져야 한다. 사방에 아무도 없는 곳에서조차 우리는 결코 혼자가 아니다. 물론 그런 곳에서 살아가는 이웃은 우리보다 덩치도 작은 데다 기어다니는 탓에 적잖이 낯설고 눈에 잘 띄지도 않는다. 그래서 단박에 알아보지 못하는 경우도 있다.

하지만 우리보다 앞서 거기서 살아온 이 이웃들은 우리가 그어 놓은 많은 경계선을 넘어 버린다. 왜 그럴까? 달리 도리가 없어서다! 이들은 자기만의 방식과 주어진 능력의 틀 안에서 둥지를 짓고 먹이를 찾고 활동한다. 그 틀이란 우리 인간이 제공하는 것이다.

문제는 우리가 이 틀을 얼마나 넓게 정해 주느냐다. 일단 모든 동식물을 해로운 것과 이로운 것으로 나누는 기존의 사고방식은 내려놓아야 한다. 그런 분별은 오로지 수확이 풍성해야 하고 식물은 흠결 없는 장식품이어야 한다는 인간의 관념에 뿌리박고 있기 때문이다. 하지만 특정 수확물만 일방적으로 최대화하는 일은 자연계에서는 일어나지 않을 뿐 아니라 종의 빈약화를 낳는다. 이는 개탄하지 않을 수 없는 불행한 결과라 할 수 있다. 자연계에서는 한 유기체가 뭔가를 더 얻으면 다른 유기체가 그걸 먹이로 삼는 일이 항상 균형을 이룬다. 풍요로운 곳이란, 동식물종 분포 스펙트럼을 최대화하는 곳이지 양배추나 장미 같은 것만 풍성하게 자라는 곳을 뜻하지 않는다.

우리는 정원이나 발코니에서조차 '모든 게 내 소유'라는 이기주의를 떨쳐 내야 한다. 이곳에서는 뭐든 마음대로, 그리고 기발하게 할 수 있다. 뭔가를 '공유'할 필요도 없고, 그에 따른 불가피한 제약을 감수할 필요도 없다. 그저 넘치도록 많은 것 중에서 조금만 나눠 주면 된다. 이는 우리에게 고통을 주거나 복잡하지도 않으면서, 동물 이웃을 살아남게도 한다.

이를 이루어 내려면 우리의 다양한 주거 공동체 안 어디에서 언제, 누구에게 정확히 무엇이 필요한지를 알아야 한다. 설령 잘 모른다 해도 우리가 어느 지점에서 그들에게 해를 입히는지 정도는 잘 살펴야 한다. 이를테면 식물을 지킨답시고 화학 물질을 사방에 뿌려대는 행동을 완전히 중단할 수 없다면, 곤충에게 적합한 화훼류를 고르는 것 정도는 기필코 신경 써야 한다는 말이다. 이렇게 첫걸음을 내디디면 종 각각의 매혹적인 특성과 욕구를 알아가는 일이 재미나다. 그러면 이해의 폭이 넓어지고, 나아가 자연계에서 통용되는 유일한 화폐, 즉 '나도 살고 너도 살리고!'를 기꺼이 지불할 마음도 생길 것이다.

안드레아스 바를라게

차례

Chapter 2. 돌보는 이에게 도움이 되는 말

Chapter 3. 의혹의 눈초리

Chapter 4. 땅 속의 일꾼들

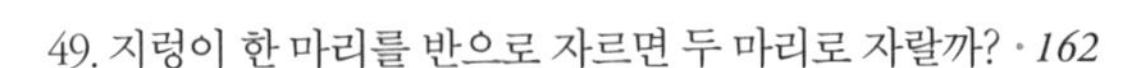

Chapter 5. 정원의 불청객

Chapter 6. 정원을 위해 열일하는 동물들

Chapter 1.

우리가 좋아하는 것들

Wie kommt die Laus aufs Blatt?

question
01

무당벌레 날개의 반점 개수가 나이를 나타낸다고?

무당벌레는 사람에게 무척이나 많은 사랑을 받는 곤충이다. 아이들 그림책에 수도 없이 모습을 드러내며 유치원의 소모임 이름으로도 자주 쓰인다. 무당벌레 중에는 다양한 색깔과 점 무늬를 지닌 종도 많지만, 사람들은 흔히 볼록한 붉은색 날개에 검은 점이 여럿 찍힌 무당벌레만 떠올린다. 그런 무당벌레는 실제로 우리의 관심을 끌고 멋져 보이기도 한다. 어른들은 아이들에게 특정 현상을 논리적으로 설명해 주려는 버릇이 있다. 그래서인지 날개에 있는 검은 점의 개수를 보면 무당벌레의 나이를 알 수 있다는 엉뚱한 이야기까지 생겨났다. 관찰력이 뛰어난 아이라면, 이 법칙이 옳다면 왜 한 살이나 세 살짜리 무당벌레는 한 마리도 보이지 않느냐며 한 번쯤 이의를 제기할 것이다. 하지만 어른들은 대개

"걔들은 다 숨어 있는 거야."라거나 "눈에 띄지 않으면 다른 곳에 살고 있는 거야."라는 어설픈 논거로 아이의 이의를 무시해 버린다. 재미있는 사실은 이런 이야기가 성인 연령대까지도 이어진다는 점이다. 산타클로스, 이빨 요정 아니면 유니콘 따위는 이제 상상의 세계에나 존재하는 것들이 되었지만, 이 무당벌레 가설은 여전히 유효하다.

사실 무당벌레 날개에 있는 점의 개수는 종에 따라 다르며 나이를 먹어도 변하지 않는다. 게다가 점이 하나도 없는 무당벌레도 있고 둘, 넷, 일곱, 열 개 이상, 심지어 스무 개 넘는 점을 지닌 무당벌레도 있다. 독일에는 점 두 개와 일곱 개짜리 무당벌레종이 가장 많다.

겨울을 넘긴 무당벌레는 봄이 끝날 무렵에 알을 낳는다. 일주일쯤 지나면 애벌레가 알을 깨고 나오며 종에 따라 이대로 30일에서 60일 가량 살아간다. 이 기간 중 허물 벗기를 서너 차례 거친다. 그런 뒤 일주일 넘는 시간 동안 번데기 상태로 변태한 뒤 마침내 성충의 모습을 갖춘다. 번데기 허물을 갓 벗은 성충은 몇 시간 지나서야 비로소 온전한 색상을 갖추고 드넓은 세상으로 날아간다. 한여름에는 그다음 세대가 뒤를 잇는다. 무당벌레는 집단으로 겨울을 나는데 규모가 꽤 큰 경우도 있다. 이들이 겨울을 나기 위해 즐겨 찾는 곳은 건물 안의 안전한 장소다. 예를 들면 미장이 되었거나 목재 벽체의 갈라진 틈 같은 곳이다. 이따금 지나치게 많은 수가 몰려들기도 하지만 걱정할 필요는 없다. 봄이 되어 날씨가 다시 따뜻해지면 기운을 차리고 먹이를 찾으러 떠나니까.

대다수 종은 한해살이며, 그다음 세대는 늦여름에 애벌레에서 성충으로의 변태를 마친다. 무당벌레는 대부분 일생에 단 한 번 겨울나기를 하는데, 일부는 성충으로 두 번의 겨울을 나기도 한다.

무당벌레에게 붙은 귀여운 친구라는 명성은 인간의 시각에서는 어린이 연령대를 넘어서서도 유지된다. 이 무당벌레가 진딧물을 잡아먹어 없애 주는 까닭에 식물에게는 고마운 익충이기 때문이다. 무당벌레의 애벌레는 무엇보다 왕성한 식욕을 자랑한다. 애벌레 상태에서 거의 3천 마리의 진딧물을 해치우니 말이다. 대부분의 무당벌레는 진딧물을 잡아먹고 산다. 하지만 날개에 반점이 스물네 개 있는 무당벌레가 눈에 띄기라도 하는 날에는 이러한 호감도 달갑지 않음으로 바뀐다. 이 종은 식물을 갉아 먹어서 기운을 차리는 탓이다.

question
02

새들은 숨도 들이마시지 않고 어떻게 오래 노래할 수 있을까?

거듭 느끼지만, 수많은 새가 중간에 잠시 숨을 들이쉬지 않고 오랫동안 노래하는 광경은 참으로 인상적이다. 최고의 가창력을 뽐내는 디바조차도 그렇게 노래하지는 못한다. 물론 바브라 스트라이샌드와 도나 서머가 명곡 〈이너프 이즈 이너프(Enough is enough)〉에서 보여준 열창은 내가 이 노래를 처음 들은 뒤 지금까지 깊디깊은 감흥을 주지만 말이다.

나 역시 늘(현재도) 합창단의 일원으로 노래를 부른다. 그래서 전문적인 발성 훈련을 받아 호흡을 최적화하면 – 이따금 횡격막을 밀어 올려 마지막 남은 숨까지 짜내야 – 길게 늘어지며 이어지는 멜로디까지 부를 수 있다. 하지만 긴 구절의 복잡한 멜로디를 빈 틈 없이 부르는 일은 다르다. 나는 물론이고 내가 존경해 마지않는 바브라 스트라이샌드나 도나 서머, 다양한 음악 분야에서 놀라운 실력을 자랑하는 수많은 가수조차도 종다리, 대륙검은지빠귀 또는 나이팅게일 수준의 완벽한 상태에는 미치지 못한다. 이는 이 새들이 숨을 특별히 많이 들이쉬는지와 아무런 관계가 없다. 이 새들도 마찬가지로 노래하는 동안 숨을 들이마신다. 그리고 잘 알다시피 들숨은 날숨을 차단하며, 인간은 이 날숨 때에만 노래를 부를 수 있다.

인간이 그렇다는 말이다. 따라서 우리는 그 비밀을 가린 덮개를 좀 더 열어 볼 만하다. 새들은 숨 쉬는 방법이 인간과 다르다. 포유류의 경우 숨을 들이쉬고 내쉴 때 공기가 같은 길로 드나들며 그 과정은 이른바 단선적인 리듬으로 진행된다. 한 번은 공기를 들이마시고 또 한 번은 공기를 내뱉는 것이다. 하나의 과정이 다른 과정을 차단한다는 뜻이다. 이와 달리 새들은 순환적인 흐름이 가능하다. 들이마신 공기는 먼저 한 쌍의 공기주머니 속으로 들어간다. 그런 다음 폐엽을 지나 두 번째 공기주머니 쌍 속으로 들어간 뒤 다시 기관지를 통해 외부로 나간다. 날숨 때 공기는 이른바 울음관을 지나는데, 이 기관(器官)은 기도와 이어진 두 개의 기관지 다발 입구에 자리해 있다. 공기는 이 울음관을 지나면서 새의 소리로 변한다. 새는 코로도, 그러니까 정확히 표현하면 부리로도 숨을 쉬므로 항상 공기의 추가 공급이 가능하다. 이런 시스템과 비교할 만한 것이 관악기인 백파이프다. 백파이프의 가죽 주머니는 한 번 부풀려지고 나면 반복해서 부풀려져 항상 충분한 공기를 품고 있어서 그만큼 길게 공기가 파이프를 지나가면서 소리를 울려 퍼지게 한다. 말하자면 공기의 지속적 공급이라는 문제가 해결된 것이다.

그러나 새는 날숨도 내뱉어야 하며 공기가 지나가는 길도 인간처럼 하나만 갖고 있다. 그런데 어떻게 이 과정에 정말 쉬는 시간이 없다는 말인가? 그건 새에게도 쉬는 시간이 있지만, 우리에게는 거의 들리지 않기 때문이다. 이것이 가능한 것은, 새가 공기를 매우 빠른 주파수로 내뱉고 이 과정에서 울음관에 있는 울림막 두 개가 서로 번갈아가며 떨리기 때문이다. 말하자면 새는 제 자신과 듀엣으로 노래를 부르는 셈이다.

바브라 스트라이샌드가 이렇게 한다고 생각하면…… 우와!

question

03

나이팅게일은 왜 밤에만 노래할까?

나는 하노버에서 대학 시절을 보냈다. 이곳에 대한 가장 아름답고 위안이 된 추억 중에는 나이팅게일의 노래와 관련된 것도 있다. 하숙방 옆으로 이메강이 흐른다. 신입생 시절 나는 가족의 죽음 때문에 트라우마에 휩싸여 있었다. 그래서 대학 생활 첫 해에는 마음의 안정을 찾지 못해 한밤중에 이 강변을 몇 시간씩 돌아다니곤 했다. 사람이라고는 하나도 없었지만 나 혼자가 아니었다. 봄부터 여름까지 덤불 속에서 살고 있던 나이팅게일이 노래를 불러 주었으니까. 그것도 깜짝 놀랄 만큼 큰 목소리로 말이다. 이 새의 목소리를 녹음한 것을 의식적으로 들은 적이 한 번도 없었지만 나는 그 새의 목소리인 걸 단번에 알아챘다.

나이팅게일의 노래를 들어 본 사람이라면 누구든 그 소리가 얼마나 아찔할 정도로 멋진지 알 것이다. 멜로디는 변화무쌍하며 때로 멜랑콜리한 느낌마저 든다. 나이팅게일의 노랫소리가 지닌 남다름은 노래 부르는 시간의 특이함과도 분명 관련이 있다. 이렇게 노래하는 이유는 물론 짝짓기를 위해서다. 짝을 이미 구한 수컷 나이팅게일은 주로 아침이나 저녁 어스름에 노래하는 반면, 총각 나이팅게일은 한밤중인 두 시에서 네 시경에 데이트를 해치우려고 애를 쓰며, 이목을 끌려고 좀 튀는 행동을 한다. 이 시간대가 되면 짝을 구하지 못한 암컷 나이팅게일이 모험적인 일에 좀 열린 태도를 보인다는 것을 정확히 알기 때문이다. 사실 우리 인간이랑 뭐가 다르겠는가? 그런데 이 총각들, 겨울 내내 아프리카의 덤불에서 살면서 멋진 가창력을 연마해 익혔다. 노련미가 더해질수록 이들의 노래는 더 변화무쌍하고 떨림과 울림도 더 커진다. 싱그러운 기운이 넘치는 암컷 나이팅게일은 삶과 사랑에 대한 구애자의 경험이 어느 정도인지를 노래로 유추해 짝을 선택한다.

새들이 노래하거나 외칠 때의 그 크고 엄청난 소리는 호흡 시스템이 갖고 있는 독특한 공기주머니와 관계가 있다. 이 주머니가 빵빵하게 채워져 있어야 공기가 엄청난 압력으로 뿜어져 나오는 것이다. 게다가 이 공기주머니는 용량이 큰 데다 날숨을 뱉을 때마다 같은 양의 들숨이 뒤따라야 할 필요도 없으므로, 그곳에 비교적 많은 공기가 모이고 이 공기로 압력도 넉넉히 만들어진다. 이 압력이 높을수록 소리는 더 커진다. 여러분이 트럼펫을 한 번은 부드럽게, 또 한 번은 숨을 충분히 들이마신 다음 온 힘을 다

해 불어 비교해 보면 알 수 있다. 둘 다 효과가 같기 때문이다.

세상에서 가장 큰 목소리를 내는 새로는 아마존 강 유역에서 사는 흰방울새(*Protinus albus*)를 꼽는다. 무게는 250그램에 불과하지만 이 새의 외침은 113데시벨이나 되어 마치 록 콘서트장에 온 것처럼 귀를 먹먹하게 만든다. 나이팅게일은 90데시벨 이상의 소리를 낼 수 있는데, 이는 도로 굴착용 대형 해머 드릴이 내는 소리와 맞먹는 크기다. 하지만 그보다 훨씬 더 아름답다.

question 04

왜 알록달록한 새도 있고 볼품없는 새도 있을까?

이상하지 않은가? 조류 중에는 암수 모두 화려한 색을 뽐내는 새들이 있다. 예를 들면 박새나 물총새가 그렇다. 또 수컷만 뚜렷이 눈에 띄는 색상을 가진 새들도 있다. 이를테면 유럽꾀꼬리나 독일에서 볼 수 있는 대다수 오리류가 그렇다. 그리고 암수 모두 별로 눈에 띄지 않아 그저 '갈색의 작은 새' 따위로만 불리는 새도 있으니, 나이팅게일이나 검은다리솔새 같은 종이다.

왜 이런 차이가 존재할까? 그저 자연의 변덕이나 장난질 때문일까? 흔히 그렇게들 말하지만, 실은 종의 진화 과정에서 엄정한 선택이 이루어진 결과다. 그런 진화를 통해 각각의 종은 이른바 생태계의 한 칸, 자신의 존재를 영원무궁토록 보장해 주는 자리를 차지하는 것이다.

새들은 왜 깃털 옷을 입을까? 여러 조류의 생활 방식을 들여다 보면 그 비밀에 다가갈 수 있다. 볼품없는 색상을 띤 까닭은 적들의 눈을 피해 잡아먹히지 않기 위해서다. 제 한 몸 지킬 수단이 없는 동물일수록 보호색을 활용하는 것이 생존을 위해 매우 중요하다. 이런 위장은 새들의 부화기에 특히 중요한 의미를 지닌다. 땅바닥 같은 다소 열린 공간이나 덤불 속에서 알을 품는 종들은 시각적으로 주변 환경과 섞여 하나가 되어 버린다. 부화를 마치고 나면, 암컷이든 수컷이든 눈에 띄지 말아야 한다는 것은 논리적으로나 그럴싸하다. 참새가 그 좋은 본보기다.

안전을 어느 정도 보장해 주는 구멍이나 틈새 같은 데에서 알을 품는 박새의 경우 암수 모두 다채로운 색상을 지닌다. 이들이 눈에 가장 잘 띄는 때는 둥지에 내려앉을 때다. 그때는 무척 조심하고 주변을 많이 살핀다. 물론 박새는 육식성 조류에게 비교적 쉽게 잡아먹힌다. 하지만 명금류치고 꽤나 높은 번식률로 이를 보완한다. 자연계는 개체 차원에서가 아니라 삶의 전체 형태와 생존 가능성을 고려해 '생각'하는 것이다.

하지만 알을 품을 필요가 없는 수컷 중 몇몇 종은 눈에 띄는 깃털 색깔 탓에 빨리 발견될 위험에 노출된다. 왜 그럴까? 여기서 우리는 진화의 가장 중요한 '발명' 중 하나인 짝짓기를 떠올려야 한다. 짝짓기의 쓰임새란 모두 알다시피 일차적으로는, 서로 다른 유전자가 생식이라는 과정을 통해 만나 후손에게 유전적 도구가 최대한 많이 들어 있는 상자를 안겨 주는 데에 있다. 그래야 종의 생존과 지속적인 발달이 보장된다.

조류의 경우는(물론 조류에만 국한되지는 않는다) 짝짓기에서 암컷이 대체로 주도권을 갖는다. 따라서 암컷들은 가장 훌륭한 짝짓기 파트너가 누구인지를 찾아내는 데에 정신이 팔려 있다. 그들에게 최고의 카드를 가진 구애자는 '건강하고 활력 넘치며 프리미엄급 유전자를 가진 존재'임이 뚜렷하게 나타나는 수컷이다. 그러니 화려하고 알록달록한 깃털을 지니고 있으면서도 날마다 맹금의 발톱을 비껴가는 새보다 더 알맞은 새가 어디에 있겠는가? 명금류보다 훨씬 더 오래 사는 조류의 수컷이라면 이런 시험은 해가 갈수록 더 어려워질 수 있다. 그들이 장착한 깃털이 점점 더 거추장스러워지기 때문이다. 이를테면 공작 암컷은 몇 년 후에나 가장 풍성한 깃털을 뽐낼 수 있는 수컷을 기본적으로 선호한다. 그 깃털이 수컷의 건강함과 똑똑함을 보여주는 상징이기 때문이다. 훌륭한 신체 구조와 어느 정도의 학습 능력, 적응 능력은 양질의 유전자를 가졌다는 증거다. 그런 유전자가 없다면 풍성한 깃털을 뽐낼 수 없다.

question

05

반딧불[1]은 어떻게 어둠 속에서 빛을 낼까?

우와, 이토록 멋진 여름밤이라니! 나이팅게일도 음악을 선사한다. 그런데 딱 하나 부족한 게 있으니, 바로 분위기 만점의 조명이다. 반짝이는 밤하늘을 우리 곁에 가져다줄…

하지만 그게 무슨 문제랴! 반딧불이 있지 않은가. 그런데 잠깐. 벌겋게 달아오를 뿐 아니라 우리 눈높이로 날아다니는 벌레라니? 그런 게 과연 엄밀한 의미에서 벌레이긴 할까?

당연히 아니다. 반딧불은 딱정벌레의 일종으로 결코 벌겋게 달아오르지 않는다. 빛을 내뿜을 수 있는 것은 불덩어리뿐이다. 그

1 Glühwürmchen. '이글거리는 작은 벌레'라는 뜻. 반딧불은 반딧불이, 개똥벌레, 반디, 불벌레라고도 한다. 또 반딧불이의 꽁무니에서 내는 불을 반딧불이라고도 한다. 여기서는 이 벌레를 반딧불로 통일한다._역자

리고 불덩어리는 예컨대 불이 이글이글 타오른 뒤에 타들어 가는 물질 속에 여전히 남아 있는 강력한 열 반응이 색으로 표현된 것으로, 이 반응이 다 끝나면 재가 되어 사그라진다. 반딧불이 만약 벌겋게 열을 내뿜는 벌레라면 우리 정원에는 우화에 나오는, 스스로 불타 버리는 불새의 축소판이 있는 셈이다. 물론 그런 불새의 축소판이라 할 벌레는 정원에 존재하지 않는다.

여기서 우리가 말하는 동물은 빛딱정벌레(*Leuchtkäfer*)라는 이름으로도 불린다. 우리집 근처에서 본 것은 예컨대 큰빛딱정벌레(*Lampyris noctiluca*)와 작은빛딱정벌레(*Lamprohiza splendidula*)다. 수컷들은 약하기는 하지만 우리 눈에 잘 보이는 빛을 내뿜으며 이리저리 날아다닌다. 비행 능력이 없는 암컷들을 찾아다니는 것이다. 암컷은 대개 땅바닥이나 덤불 속에 있으면서 강력한 빛을 발산한다. 이런 짝 찾기가 일어나는 때는 하지 무렵으로, 그야말로 곤충 시즌의 하이라이트다.

암수 한 쌍이 내뿜는 빛은 차가울 수밖에 없다. 따라서 열 반응에 부수되는 현상은 없다. 빛의 바탕은 딱정벌레 세포 내에서 일어나는 생화학 반응이다. 반딧불의 몸 뒷부분에 발광 기관이 있고 그 세포 안에 루시페린이라는 발광 물질이 있는데, 이 물질이 특수 효소를 통해 분열되면서 발광 효과가 일어난다.

게다가 이 모든 과정은 효율의 끝판왕이다. 에너지의 98%가 빛으로 변환되기 때문이다. 그 좋았던 옛날 백열등의 발광 효율은 기껏해야 5%다. 생명체의 이른바 '생체 발광' 현상은 해양 생물인 바닷말에서도 볼 수 있다. 이들은 이른바 해양 인광을 만들어 내는데, 수많은 과학자가 이런 현상을 기술적으로 구현하기 위해 연구에 매진하고 있다. 에너지를 처리해 빛을 얻어내는 데에 이들이 가장 효율적이기 때문이다.

하지만 짝을 찾으려고 몸에서 빛을 내뿜는 재주꾼 반딧불도 태양 빛을 능가하지는 못한다(이건 네온사인조차도 하지 못하는 일이다). 그래서 반딧불은 영리하게도 날이 어둑해진 다음에야 몸 호롱에 불을 붙인다. 반딧불 없는 여름밤이라니…….

question

06

올빼미는 낮 동안 어디에 숨어 있을까?

올빼미류를 좋아하는가? 나는 좋아한다. 이 새의 긍정적인 모습을 내게 전해준 이는 올빼미 피규어와 사진을 수집하고 스스로 '올빼미', 즉 어두워진 뒤에야 본격적으로 활동을 시작하며 부지런을 떠신(낮 동안에도 마찬가지이셨던) 어머니였다. 이런 점에서 우리는 이제 비슷한 셈이다. 마찬가지로 나도 밤에 가장 멋진 표현들을 찾아나서는 걸 유달리 좋아한다. 중간에 끼어들어 방해하는 것이 거의 없는 탓이다. 한 번은 "미네르바의 올빼미는 어두울 때 날아다닌다."는 게오르크 프리드리히 헤겔의 말을 들은 적이 있다. (헤겔의 〈법철학 강요〉에는 "미네르바의 부엉이는 황혼 무렵에야 날개를 편다."라는 문장이 있는데, 저자가 원문을 살짝 변형한 것이다. 이 글에서는 Eule를 올빼미(류)로 번역했다_역자) 얼마나 멋진 이미지인가. 미네르바는 그리스의 여신 아테네에 버금가는 고대 로마의 여신이다. 여신과 동행하는 올빼미는 원래 금눈쇠올빼미(Steinkauz, 학명 *Athene noctua*)_역자)로, 나중에 그 여신처럼 지혜의 상징이 된다.

하지만 사람들은 야행성 동물을 오랫동안 좀 미심쩍게 여겼다. 이 동물이 빛을 싫어하는 이유를 '어둠의 권력'과의 결합으로 해석하기도 했다. 박쥐도 그런 이유로 오명을 얻었고, 고양이조차도(우리 집에서 키우는 두 마리 중 검정색을 띤 녀석의 이름이 '미네르바'인데 우리는 줄여서 '미니(Minnie)'라 부른다) 오랫동안 미심쩍은 존재로 통했다. 그렇지 않은 것은 햄스터뿐…….

다른 야행성 동물과 마찬가지로 올빼미도 이런 부정적 시각으로 볼 이유가 전혀 없다. 오히려 그 반대다! 올빼미는 모든 생명이 얼마나 다양하게 특화되었는지를 잘 드러내며, 인간이 한계

를 지니고 있음도 잘 알려준다. 그들이 지닌 날카로운 감각이 참 매력적이지 않은가? 게다가 부드러운 깃털의 가장자리를 이용한 소리 없는 비행은 또 어떤가! 하지만 밤이 되면 이들은 흠 잡을 데 없는 맹금의 모습을 드러낸다. 이들이 출현하는 곳이면 어디든 먹잇감이 되는 짐승, 주로 쥐의 개체 수가 효과적으로 통제된다. 따라서 이들은 유익한 동물 부대의 야간 당번이라 할 수 있다.

하지만 낮 동안에는 낮에 활동하는 동물들이 우위에 있다. 피곤해 지친 올빼미들은 동굴, 바위틈 또는 시야가 차단된 다른 은신처로 몸을 숨긴다. 이들은 스스로 둥지를 짓지는 못한다. 이들을 훌륭하게 감추어 주는 것은 눈에 띄지 않는 깃털 옷이다. 하지만 남의 눈에 띄면 안타까운 일이 벌어진다. 요란하게 울어대는 새들이 이들을 쫓아내고, 심지어 유럽찌르레기 같은 더 작은 명금류도 다수의 보호 속에서 올빼미를 덮치기도 한다. 하지만 놀랄 일은 아니다. 이들의 새끼도 올빼미의 먹이 목록에 올라있으니까. 날이 환할 때는 올빼미로서 크게 취약한 상태라, 공격을 받으면 대개 도망가 다른 은신처를 찾는다.

잠자고 있는 올빼미를 우연히 만나는 경우는 드물며 밤에도 올빼미를 보고 오히려 인간들이 놀라는 판이니, 올빼미를 오랫동안 관찰할 기회는 거의 없다. 하지만 나는 아주 특별한 쇼를 일주일 넘도록 지켜볼 기회가 있었다. 한 농장의 손님방을 숙소로 잡아 오래된 나무로 둘러싸인 작은 집에 머물렀는데, 날마다 해가 저물기 시작하면 올빼미 한 쌍이 굴에서 나오는 모습이 내 시야에 들어왔다. 어린 새끼들이 조금 울어댔고 엄마 아빠 올빼미는 비교적 듬성듬성한 나뭇가지 위에 앉아 있었다. 일단 잠에서 깨어나기를 기다리는 것 같았다. 한 10분 쯤 지나자 한 마리가, 그다음 다른 한 마리가 자리를 떠서 사냥하러 날아갔다. 둘은 교대로 새끼들에게 먹을 것을 가져다주었다. 믿기지 않을 테지만, 텔레비전에서 보는 동물 관련 다큐멘터리보다 훨씬 더 흥미진진했다.

question
07

슈메털링[2]은 왜 슈메털링이라 불릴까?

이 곤충은 뭔가를 짓밟지도 않고 크게 노래를 부르지도 않는다. 그런데 이름이 아주 별나다. 여러분이 보기에는 어떤가? 이 단어는 어떻게 만들어진 걸까? 사람들은 슈메털링이 슈만트(Schmand, 크림의 일종_역자) 같은 유제품을 '슈텔렌(stehlen, 훔치다_역자)한다'라는 개념에서 유래했으며, 슈만트디프(Schmanddieb, 슈만트 도둑_역자)가 변형된 것이라고 보고 있다. 동물학에서는 레피돕테라(*Lepidoptera*, 나비목) 즉 슙펜플뤼글러[3]라 불리는 곤충 집단을 가리키

2 나비. 나비와 나방의 총칭_역자

3 Schuppenflügler, 고대 그리스어 λεπίδος lepídos(=비늘, 비듬)와 πτεράptera(=날개)의 합성어의 독어 역으로, 이 단어는 '비늘, 비듬 등 피부·표피에 얇게 붙어 있는 것'을 의미하는 Schuppe와 '날개'를 의미하는 Flügel의 합성어다. 비늘(나비 날개의 가루)을 흩날리며 날아다니는 동물이라는 뜻_역자

는 '부터포겔(Buttervogel, 버터새)' 같은 지역적인, 그러나 이제는 고어화된 명칭을 비롯해 영어의 '버터플라이(Butterfly)'도 이런 식으로 설명된다.

슈메털링은 처음에는 애벌레로 살다가 번데기가 되어 고치 안

에서 조용히 시간을 보낸 뒤에 성충이 된다고 알려져 있다. 따라서 신앙심 깊은 사람들은 이들을 영혼 부활의 상징으로 여겼다. 이미 고대 그리스에서는 처음에는 밤나비(Nachtfalter=나방. 어원적으로 밤(Nacht)에 날개를 팔락거리는 동물(Falter)을 의미함_역자)에게 영혼이 있다고, 나중에는 낮나비에게도 영혼이 있다고 여겼다. 그래서 고대 그리스어에서 슈메털링은 '프시케(숨, 호흡, 영혼, 생명_역자)' 및 동명의 여인, 즉 에로스와 사랑을 나누었고 고전적으로 나비의 날개를 가진 것으로 묘사되는 여인 프시케를 가리키는 말이기도 했다. 그러나 심리학이 나비 연구와 같을 수 없다는 건 당연한 사실이다.

나비류는 총 16만 종이나 되어 딱정벌레류에 이어 가장 많은 종을 가진 곤충 무리다. 아직도 새로운 종이 계속 발견되고 있다. 나비 개체를 알맞은 상자에 넣어 수집 및 보존하는 것은 학문적으로 필요하다. 그래야 종을 정확히 기술할 수 있다. 그렇다고 그것이 나비의 개체 수 자체에 위협적이지는 않는다. 하지만 취미로 하는 수집이 지속적으로 확대되면 이야기는 달라진다. 그러나 다행히 그런 식의 여가 활동은 점점 줄어들고 있으며 오늘날에는 휴대전화 카메라가 잠자리채를 대신하고 있다.

나비류는 대략 1억 4500만 년 전인 백악기에 생겨났으니 우리 인간보다 훨씬 더 오랫동안 지구상에 존재했다. 나비 중 가장 최근에 생겨난 것으로는 낮나비류를 꼽을 수 있다.

question
08

나비는 왜 그리도 알록달록할까?

나비처럼 신나는 곤충도 없을 것 같다. 우리는 여름철에 기분이 경쾌하면 그걸 나비와 연관 짓고, 나비의 다양한 빛깔과 무늬를 보면 절로 감탄이 터져 나온다. 하지만 눈에 잘 띄는 특성은 보호 수단이 별로 없는 나비에게 심각한 단점이 아닐까?

자, 대개 낮에 활동하는 나비류의 반짝이는 색상은 늘 그런 게 아니라 날개를 펼칠 때에만 그러하다. 날개가 접혀 위로 솟아 있으면 그런 돛은 오히려 시든 이파리와 비슷해 보인다. 덕분에 나비는 먹잇감을 찾는 새의 눈에서 벗어날 수 있다. 그러다 날개를 펼치면 새에게는 일단 깜짝 효과가 발생한다. 눈에 띄는 반짝이는 색상은 동물의 세계에서는 일종의 신호와 비슷한데, 예를 들면 기본적으로 독성 물질에 대한 경고일 수 있다. 나비는 새에게 아무런 독성이 없지만 이 '가짜' 경고 신호는 매우 효과적인 기능을 발휘한다. 나비류 중 몇몇 종은 날개에 눈처럼 생긴 둥근 반점이 있는데, 이것 역시 상대를 위협하는 데에 쓰인다. 그 반점은 작은 새들에게 덩치가 꽤나 큰 동물의 날카로운 눈과 같은 인상을

준다. 그래서 그들은 반점을 보는 순간 잡아먹히지 않으려 도망간다. 해를 끼치지 않는 동물에게 방어 기능이라는 외관을 부여하는 시각적 속임수를 위장술이라고 한다. 새가 깜짝 놀라 주춤하는 순간 나비들은 안전한 곳으로 피할 수 있는 결정적 시간을 벌 수 있다. 겉으로 보기에는 별 뜻 없이 이리저리 오락가락 날아다니는 것 같지만 때로는 먹잇감을 노리는 한 마리 새를 혼란에 빠뜨려 그 새로 하여금 목표물을 정확히 부리로 집어먹는 것을 어렵게 만든다.

나비의 날개는 키틴질로 된 비늘 가루로 뒤덮여 있다. 이 가루는 지붕의 기와처럼 얹혀 있는데 서로 갈고리처럼 맞물려서 꽤나 너른 날개 표면을 단단히 붙들고 있다. 하지만 먼지같이 고운 그 비늘 가루는 인간의 거친 손가락에 쉽게 떨어져 나간다. 손가락으로 문지르면 나비 날개의 무늬는 엉망으로 일그러지고 나비가 심각한 손상을 입는다. 그러니 나비는 조심스럽게 다뤄야 하며 손으로 만져서는 안 된다! 비늘 가루는 속이 비어 있어서 빛을 비추면 그 빛이 가루의 표면을 통해 굴절된다. 따라서 반짝이는 효과가 나타나는 것이다. 날개의 어두운 영역은 무늬의 윤곽선을 표시하기도 하지만 열을 얻는 데에도 유용하다. 어두운 영역이 햇빛을 특히 잘 흡수하기 때문이다.

question
09

나방은 왜 눈에 잘 띄지 않는 색을 지닐까?

눈에 잘 띄지 않는 색을 지닌 나방은 대개 밤에 날아다닌다. 하지만 예외도 있다. 잘 알려진 것으로는 작달막한 몸체에 기다란 흡입 주둥이를 지닌 꼬리박각시를 들 수 있다. 이 나방은 얼핏 보면 벌새 같기도 하며 토끼풀, 관상용 담배, 제비꽃, 제라늄, 풀협죽도는 물론 부들레야를 향해서도 날아간다.

예외적으로 야행성이 아닌 나방인 꼬리박각시는 박각시과에 속하는 나방류 중 하나다. 모든 야행성 나비류와 마찬가지로 이들도 휴식할 때는 날개를 위로 높이 접어 올리는 것이 아니라 수평으로 펼친다. 따라서 날개 뒷면이 아래를 향해 눈에 띄지 않으므로 위장 효과가 나타나지 않는다. 대다수 박각시과 나방은 낮에는 날아다니지 않고 휴식을 취하므로 날개가 반짝이면 오히려 큰 위험에 처할지도 모른다. 밤에 날아다니는 나방 중 널리 분포하고 있는 올빼미류나 자나방 무리 그리고 누에나방 무리도 마찬가지 이유로 대개 회갈색을 띤다.

독어로 밤나비를 종종 나방(Motten)이라고도 부르는데, 이는 비교적 덩치가 큰 대표적인 나방뿐 아니라 상대적으로 작고 연약한

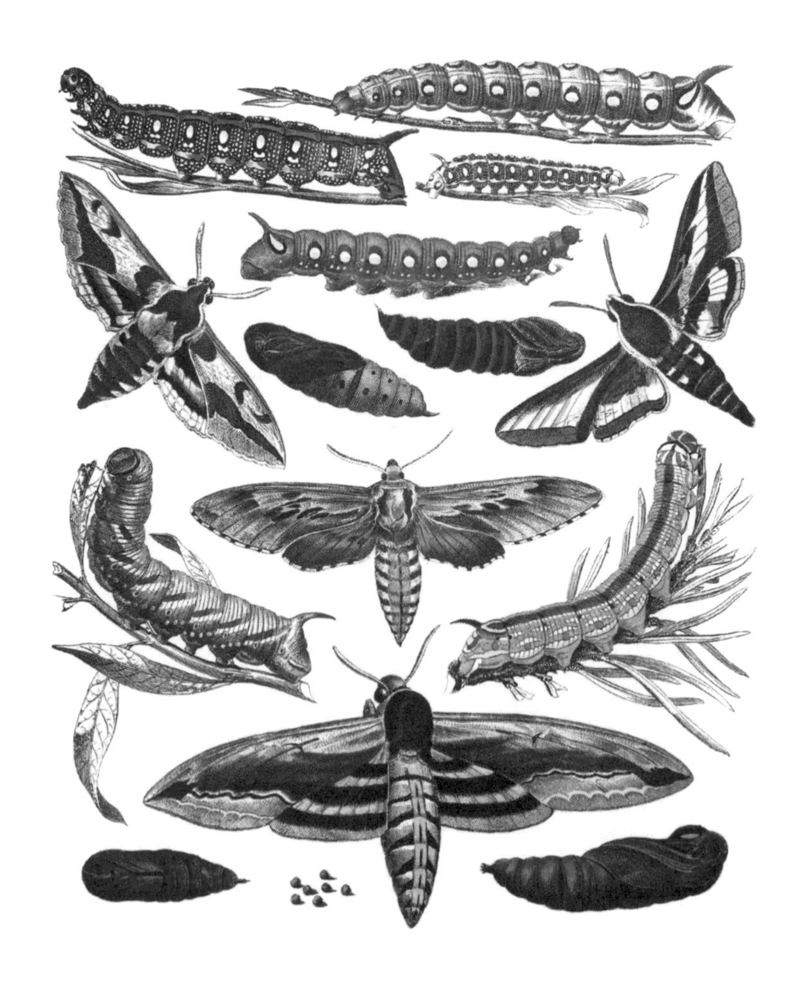

곤충까지 포괄한다. 이 곤충들도 나비류에 속하지만 한눈에 알아보긴 힘들다. 마를레네 디트리히가 한때 따라 부를 수 없을 정도로 멋지게 노래했듯이, 이들은 항상 빛을 쫓아다닌다. 사람들이 사는 곳에서 밤에 불이라도 켜져 있으면 나방들은 끝날 줄 모르는 자극을 좇아 때로 밤새도록 불빛을 맴돌며 운명처럼 춤을 추어댄다. 그러니 나방을 위해 선행을 하고 싶다면 집과 정원의 야간 조명을 최소화하고, 사용하지 않는 전등 스위치는 완전히 꺼두어야 한다. 이는 전기를 아끼는 길이기도 하다.

question
10

유럽칼새가
다시 남쪽으로 떠나면
여름이 지나간 걸까?

제비가 날아오면 봄이 온다고 한다. 카를스루에에 살고 나서부터 유럽칼새가 내게는 제비 같은 새다. 두 종류의 새 모두 진정한 여행자라 할 만한데, 똑똑하게도 1년 중에서 가장 아름다운 몇 달을 택해 알프스 북쪽 지역으로 이동하기 때문이다. 나와 내 파트너는 큼직한 안마당을 품은 4층짜리 직사각형 건물에서 살고 있다. 빗물받이 홈통이 가로로 길게 달린 자그마한 돌출부나 약간 앞으로 튀어나온 슬라브 가장자리는 유럽칼새가 둥지를 짓기에 아주 양호한 조건을 갖추고 있다. 밑에서 고양이가 올라올 일이 없고 위로 하늘을 나는 새매의 눈에 띄지도 않는다. 기본적으로 지붕이 있는 곳, 예컨대 헛간 같은 데를 구하는 제비와는 달리, 출입문이나 창문을 열어 두지 않았는지를 사람들이 전혀 신경 쓸 필요가 없다. 건물 관리인조차도 불만을 품지 않는다. 유럽칼새는 살던 흔적이나 둥지 만드는 재료 따위로 건물 전면부나 벽체를 눈에 띌 정도로 지저분하게 만들지 않기 때문이다.

오히려 이들은 4월 말과 8월 초 사이에 날벌레를 싹쓸이해 준다. 우리 건물 내의 이웃들은 이 새 덕분에 모기에 물릴 일이 거의 없어서 무척 고마워하고 있다.

유럽칼새는 제비보다 몸집이 좀 더 크다. 제비와 생김새가 비슷하지만 계통적 관계는 없다. 하늘을 날 때의 모습을 보면 두 조류를 쉽게 구분할 수 있다. 유럽칼새에게는 아주 길쭉하게 삐져나온 '뾰족한 제비꼬리'가 없다. 이들의 비행 기술은 숨이 막힐 정도로 멋지다. 특히 해 저물기 한두 시간 전에 아찔한 대형을 이루어 시속 200킬로미터에 달하는 엄청난 속도로 날아가면서 짹짹 소리를 낸다. 날씨가 따뜻할수록 비행 고도는 더 높아진다. 그 까닭은 자명하다. 따뜻한 공기가 날벌레를 더 높은 곳까지 밀어 올리는데, 유럽칼새의 목표가 이 날벌레들이기 때문이다.

그리고 바로 이 작은 날벌레들이 있어서 유럽칼새가 이곳에서 여름철을 보내며 알을 깨고 나온 새끼들을 키울 수 있다. 모기를 비롯한 날벌레들은 대개 5월은 되어야 비로소 새들의 배를 채워 줄 만큼 독일 땅에 많이 출현하므로, 유럽칼새는 본격적인 봄 날씨가 시작되어야 비로소 독일 땅에서 제대로 눈에 띈다. 그리고 가을이 되면 먹잇감이 부족해 첫 철새로서 우리 들판을 떠나 적도 이남의 아프리카로 가서 다시 한 해의 절반을 보낸다. 유럽칼새는 낮 길이가 17시간을 뚜렷하게 밑돌 때 이 장거리 비행에 들어간다. 그것도 해마다 말이다.

분명한 사실은, 이 새들이 여름철에만 안락함을 느낀다는 것이다. 여름은 이들에게 정말 없어서는 안 되는 계절인 셈이다. 그래서 이들은 여름을 쫓아 날아간다. 겨울을 별로 좋아하지 않는 나로서는 이 새들이 부럽기만 하다.

question
11

오월풍뎅이의 해가 있다는 데 정말일까?

이 육중한 풍뎅이는 보기만 해도 인상적이다. 오월풍뎅이는 독일 지역에서 볼 수 있는 가장 큰 풍뎅이 종류의 하나다. 동물학에서는 거의 3센티미터 정도 되는 이 동물을 풍뎅이과로 분류한다. 크기를 제외하면 부채꼴로 펼친 여러 쌍의 더듬이와 날개 아랫면의 하얀 색 돌기 모양을 보고 풍뎅이임을 알 수 있다. 멜로론타 멜로론타(*Melolontha melolontha*)라는 학명의 들판오월풍뎅이(Feldmaikäfer)는 가장 널리 퍼진 종이지만, 이제는 오월풍뎅이류도 거의 사라지고 말았다. 사람들이 이 풍뎅이를 좋아하는 것은 해충으로서의 속성이 뒤로 밀려난 데다 대다수 아이들이 풍뎅이 모양의 초콜릿에 친숙해지고 난 다음에야 비로소 자연 속에서 이들을 만나기 때문인 것 같다. 오월풍뎅이가 전면적으로 박멸되지 않았던 옛날을 돌이켜 보면 이 곤충이 농촌에서 그리 달갑지 않은 존재였음을 알 수 있다. 때로 아주 골칫거리였으며 이른바 오월풍뎅이의 해에는 농장에서든 정원에서든 농업 전체를 위태롭게 했다.

오월풍뎅이의 일반적인 한살이 기간은 4년이다. 4월부터 6월 초까지 웅웅 소리를 내며 사방을 날아다니면서 온갖 나뭇잎을 다 갉아 먹는 풍뎅이는 기껏해야 7주를 살 뿐이다. 하지만 이들이 알에서부터 성체가 되기까지 걸리는 기간은 3년 가까이 된다. 암컷은 축축한 땅에 100개까지 알을 낳는다. 한 달쯤 지나면 알에서 유충, 즉 굼벵이가 나와서 다년생 식물의 뿌리에 달라붙어 3년 동안 갉아 먹다가 고치가 되어 안식기를 보낸 뒤 성충이 되어 고치를 떠난다. 숲에서 풍뎅이가 보이지 않는다면 정원과 경작지는 큰 손해를 입는다. 그래서 오월풍뎅이는 어떤 성장 단계에서든 결코 정원을 가꾸는 이에게 좋은 친구가 될 수 없다.

놀랍게도 지역별로 보면 개체 수 형성 주기가 꽤나 비슷하다. 하지만 이 주기가 매년 균등하게 전개되는 것은 아니다. 그래서 수많은 풍뎅이가 설치는 한 해가 지나고 나면, 그런 대량 출현은 4년 뒤에나 다시 나타나리라 예상할 수 있다. 그리고 오월풍뎅이의 출현 주기는 지역별로 차이가 있어서 같은 해라도 어느 지역은 오월풍뎅이가 창궐하고 어느 지역은 고요하다.

우리 조상들은 풍뎅이가 창궐하는 해를 견디기가 쉽지 않았다. 하지만 더 심각한 상황도 발생했다. 30년에서 45년 주기로 오월풍뎅이가 매우 심하게 창궐했던 것이다. 그러다 기생충이 덮쳐 강력하게 공격하면 오월풍뎅이 개체 수가 거의 붕괴 직전에 이르기도 한다. 하지만 살아남은 소수의 건강한 개체들이 충분한 면역력을 갖추고 있었나 보다. 기생충이 더 이상 확산되지 못하면, 이때부터 오월풍뎅이는 눈사태라도 난듯 거리낌 없이 증식해 몇 해 지나 개체 수가 오월풍뎅이의 해 한 해 만에 몇 배로 늘어난다. 이런 상황은 식물을 재배하고 숲을 가꾸는 많은 이들에게는 초비상 상황이다. 물론 그렇게 되면 마치 화석이라도 된 듯 오래 견딜 수 있는 형태를 하고서 새로운 우호적 조건을 기다려 온 여러 질병과 기생충이 다시 등장한다. 달리 말하면, 오월풍뎅이의 창궐이 유달리 심하다 해도 온 세상을 황무지로 만들 만큼 점점 더 확산하지만은 않는다는 것이다. 자연은 천적을 통해 거기에 다시 재갈을 물린다.

오늘날에는 무시무시한 위협을 가하는 오월풍뎅이의 창궐조차도 신속히 제압된다. 그리고 대다수 지역에 거의 매년 풍뎅이와 굼벵이가 남겨 놓는 흔적은 적어도 우리의 정원에서 용인할 수 있을 정도다. 대규모 농장 및 농업 경영이 걸린 상황이 아니라면 마음 놓고 풍뎅이를 보며 즐겨도 된다. 어쨌든 그들의 존재는 곧 이곳 토양과 식물이 화학 물질에 오염되지 않았다는 뜻이기도 하니까.

question

12

나비는 부들레야 꽃향기에 취할까?

독일어로 나비라일락(Schmetterlingsflieder) 또는 여름라일락(Sommerflieder)이라고도 부르는 부들레야(*Buddleja davidii*)를 심으면 하필 나비에게 위험하다는 소식이 몇 해 전 정원 관련 잡지를 통해 두루 퍼진 적이 있다. 그야말로 충격적이었다! 이 나무는 꽃도 매력적이지만, 햇살 가득한 정원에 심어 놓으면 여름 내내 나비를 많이 볼 수 있어서다.

부들레야는 꽃꿀과 더불어 글리코사이드를 내뿜는데, 몇몇 사람들은 나비류가 이 글리코사이드에 취한 나머지 '우려스러운 행태'를 보이면서 '조심성을 모두 잃어버렸다'고 주장한다. 그래서 나비류가 안전한 안식처에 제때 들르지 못해 기온이 더 내려가는 저녁 시간이 되면 새들에게 유난히 쉽게 잡아먹히고 만다는 것이다. 나비류는 변온 동물이라 온도가 낮아지면 반응이 느려지기 때문이다. 이 기사를 읽고 크게 낙담했다. 나 자신이 고약한 바텐더 같다는 생각이 들었던 것이다. 손님을 취하게 만든 다음 가게 문 닫을 시간에 택시도 불러 주지 않고서 길거리로 정중히 안내해 무자비한 강도와 살인자에게 넘기는 그런 바텐더 말이다.

나는 부들레야를 다 베어 낸 뒤 그걸로 퇴비장을 만들 생각까지 하고 있었다. 하지만 그렇게 하기에 앞서 보도 내용의 진실 여부부터 알아보았다. 나로서는 매우 이상했다. 조사 결과, 이 보도는 과학적으로 확립되지 않은 단 한 번의 관찰에 근거했으며 수많은 매체가 충격적 면만 보고 기꺼이 기사화한 것이었다. 하지만 상황을 자세히 들여다보면 이 일은 더 미묘하게 나뉜다.

날이 어둑어둑해지면 '중독되게 만드는' 꽃에는 곧 점점 더 많은 밤나비들이 모여든다. 낮나비는 저녁 무렵이면 사라지는 반면에, 이들은 비교적 서늘한 기온에 적응되어 있는 탓이다.

전체적으로 보면 대다수 나비류는 늦여름이 되면 어차피 반응이 느려져 '굼뜨게' 된다. 그저 살 만큼 살았기 때문이다. 나비류가 지닌 단 하나의 목표는 짝짓기해서 알을 낳아 개체 수를 다음 해에도 확보하는 것이다. 다만 극소수의 종, 예컨대 쐐기풀나비나 배추흰나비는 2세대 성체로 겨울을 난다. 나비의 한살이는 어차피 늦여름에서 몇 주 지나면 대개 끝나고 만다.

나는 부들레야가 나비에게 전혀 위협이 되지 않으리라는 입장에 동의한다. 취미로 정원을 가꾸는 어떤 이의 관찰에 완전히 설득당했기 때문이다. 그는 늦여름에 느려 터진 나비류를 손으로 쉽게 모을 수 있었는데, 근처에 부들레아는 하나도 없었다. 하지만 집약 농경이 이루어지는 밭과 붙어 있어서 별별 화학 물질이 널려 있기는 했다. 그러니 이 곤충들에게 걱정거리를 안겨 주는 것은 무엇일까? 결론은 뻔하지 않은가!

question

13

오월풍뎅이는 5월에만, 유월풍뎅이는 6월에만 날아다닐까?

대략 그렇다고 할 수 있다. 하지만 자연계의 생물에 관한 이야기라서 관계를 엄격하게 달력상 날짜에 못 박기는 사실 힘들다. 오월풍뎅이는 4월에서 6월 사이에 돌아다니고, 유월풍뎅이는 5월 말부터 등장해 8월이면 사라지고 만다. 이 두 종류의 풍뎅이는 성체가 된 뒤 한두 달 정도 살다 죽는데, 살아 있는 기간의 대부분을 굼벵이 형태로 땅속에서 지내면서 식물의 뿌리에서 영양분을 섭취한다.

유월풍뎅이란 대개 암피말론 솔스티티알레(*Amphimallon solstitiale*)를 가리킨다. 학명에서 알 수 있다시피, 이 곤충은 하지(Solstitium) 무렵, 그러니까 해가 가장 높이 떠 있는 6월에 특히 모습을 많이 드러낸다. 유월풍뎅이는 오월풍뎅이와 생김새가 비슷하며 같은 풍뎅이과다. 하지만 유월풍뎅이는 몸길이가 길어야 2센티미터에 불과해 더 일찍 일어나는 '큰형님' 풍뎅이 크기의 3분의 1에 불과하다.

유월풍뎅이가 이파리를 갉아 먹기는 하지만, 내가 관찰한 바에 따르면 그 피해는 대규모로 출현할 때조차 취미 정원사들이 가볍게 견딜 수 있는 정도다. 이보다 더 눈에 띄는 것은 이 곤충의 행태다. 햇살이 약해지고 해가 저물 무렵이면 초여름의 우리 다락방 테라스에서 본격적으로 일이 벌어진다. 처음에 유월풍뎅이 한두 마리가 웽웽거리며 돌아다니다가 나중에는 떼거지로 몰려드는데, 마치 바를라게-비트너 씨 집에서 파티가 벌어진다는 소문이 사방에 퍼지기라도 한 것처럼 말이다. 확실히 이들은 조금 높은 곳을 좋아한다. 벽 높은 곳은 아직 저장된 열을 내뿜기 때문이다. 이들 다수는 확연히 수컷이다. 페로몬에 푹 젖어 암컷을 찾아다니는 것이다. 시간이 별로 없다. 몇 주 내에 후손을 만들어야 하니 말이다.

테라스에 다다르면 이들의 행동은 총을 들고 약탈에 나서는 수컷 떼와 다름없다. 맹목적이고 충동적으로 움직인다. 높은 곳을 목표 지점으로 삼은 다음 (이들은 여자 친구가 필경 빽빽한 덤불 속에 있지 땅바닥에 있지는 않을 거라고 추측한다) 키가 가장 큰 협죽도, 위로 쭉 뻗은 장미 줄기 그리고 우리 쪽으로 즐거이 날아와 나뭇가지, 꽃무리, 머리카락 또는 안경 알 뒤 등에 달라붙는다. 다행히 물지는 않는다. 그냥 놀려는 것뿐이다. 하지만 하룻밤에 70마리 넘게 센 적도 있으니, 개체 수만 고려해도 우리에게는 그리 달갑지 않은 존재다. 손수건으로 몸 주변을 털어내어 막는 것은 이 곤충을 쫓아내는 게 아니라 오히려 달려들도록 박차를 가하는 것이 분명하므로 우리는 그곳을 잠시 피한다.

짜증스런 일이 시작되고 대략 삼십 분 남짓 지나면 상황이 정리되기 때문이다. 이들이 떠나 버린다는 뜻이다. 날씨가 너무 차거나 이들이 과도하게 춤을 춘 뒤라 피곤한 탓일 수도 있다. 어쨌든 이들도 이제 잠자리로 가려나 보다. 하지만 딱 그 다음날 저녁까지만 그렇다. 한 해의 가장 멋진 때이니만큼 몇 주 정도는 날마다 춤을 추며 잔치를 벌이기 때문이다.

우리는 6월이면 별 걱정 없이 여덟 시 반에서 아홉 시 반 사이에는 조심하느라 테라스에 나가지 않으며, 과일을 썰어 샐러드를 만들고 포도주도 마시면서 즐겨 보는 연속극 시리즈를 스트리밍하는 데에 익숙해졌다. 그러고 나면 다락방 테라스가 다시 우리 차지가 된다. 그러니 '우리도 살고 남도 살리고'라는 구호를 아무런 갈등 없이 따르기란 얼마나 쉬운 일인가!

question
14

꿀벌이 바깥을 돌아다니는 시기는 언제부터 언제까지일까?

이는 기온에 따라 결정된다. 벌이 날아다니려면 섭씨 10도가 넘어야 한다. 한 해의 날씨가 어떻게 흐르는가에 따라 꿀벌은 겨울 막바지나 이른 봄쯤에 비행을 시작하는데, 이때는 첫 크로커스가 꽃망울을 터뜨려 그 해 꽃 뷔페의 첫 요리를 내놓는 시점이니, 안성맞춤이다.

하지만 벌떼 중에서 겨울을 난 일벌들은 일단 이 꽃들을 왼편으로 제쳐 둔다. 먼저 화장실을 들러야 하기 때문이다. 말하자면 겨울철에는 신진대사의 산물들이 체내에 쌓여도 벌집 안에서 해소할 수가 없다. 거기에는 자기만의 고요한 사색 공간(화장실_역자)이 없으니까. 속을 다 비우고 나면 벌들은 다시 부지런히 꽃꿀과 꽃가루를 모으는 존재라는 훌륭한 명성에 걸맞게 행동한다. 그것도 대략 10월경 온도계가 다시 섭씨 10도 아래로 내려갈 때까지 오래도록 말이다.

벌집이 겨울을 나는 데에 도움을 준 일벌들은 대략 3월부터 사멸한다. 열 달 가까이 살았으니, 봄과 늦여름 사이에 부화해서 겨우 5주쯤 된 일벌들보다는 확연히 더 오래 산 셈이다. 하지만 어쨌든 이들은 햇살 가득한 따뜻한 시기를 보내며 대략 반경 1킬로미터 안에서 하루 종일 벌집 주변을 돌아다닌다. 꿀벌 편대장에게는 비가 오지 않고 바람 불지 않는 날이 이상적인 비행 조건을 제공하는 날이며, 여행하기에 가장 적합한 기온은 섭씨 23도 정도다. 날씨가 한여름처럼 무더워지고 기온이 섭씨 40도를 찍으면 부지런함의 대명사로 통하는 벌조차도 시에스타에 들어가지 않을 수 없다.

꽃이 사라지고 비교적 서늘한 날씨가 시작되면 벌들의 바쁜 움직임도 썰물처럼 잦아든다. 그리고 벌들은 가을에 벌집 속으로 들어가 칩거한다. 강추위라는 최악의 상황이 도래하면 근육을 진동시켜 자기네 아늑한 집을 덥히며 서로 몸을 밀착해 비빔으로써 그 험난한 시기를 이겨 낸다. 다시 화장실을 가야 할 때까지…….

question
15
여왕벌은 정말 여왕처럼 살까?

리젤로테 폰 데어 팔츠를 알고 있는가? 독일 출신의 루이 14세의 제수로, 바로크 시대에 베르사유 궁전에서 살면서 '마담'이라는 공식적인 왕실 호칭을 받았던 여성이다. 그녀가 수많은 사람과 주고받은 방대한 서신이 잘 보존되어서 프랑스 궁정의 모습을 있는 그대로 잘 보여주고 있다. 그녀는 자신의 삶을 "마담으로 산다는 건 가련하리만치 수고로운 일"이라는 문구로 환상을 제거한 채 아주 간결하게 정리했다.

만약 여왕벌이 생각할 줄 알아서 토크쇼에 초대라도 받는다면, 내 상상으로는 착한 리젤로테와 비슷하게 예컨대 "여왕으로 산다는 건 가련하리만치 수고로운 일"이라 말할 것 같다. 여왕벌의 삶이 특별히 빛나는 영광으로 가득한 것은 결코 아니니까.

여왕벌의 삶은 특별한 영양 섭취로 시작된다. '전임(前任)' 여왕벌이 몇몇 꿀벌 수정란을 특별히 만들어진 벌집에 낳기 때문이다. 거기서 부화한 애벌레는 특별한 먹이를 받아먹는데, 이른바 로열 젤리다. 보통은 일벌로 자랄 애벌레가 이를 먹고 '마법에 걸려' 자그마한 잠자는 공주가 된다. 이와 더불어 어린 소녀가 품을 법한 꿈도 일찌감치 사라져 버린다. 최초의 공주는 알을 깨고 나오자마자 타협의 여지조차 없이 여왕에게 왕관을 내 놓으라고 요구하며 벌집 침대 안에서 아직 잠자고 있는 자매 공주들을 독침으로 쏘아 가차 없이 죽인다. 며칠 만에 상황은 끝이 난다. 그리고 이제 다 자란 공주가 짝짓기를 할 차례다. 공주는 대개 5월에 결혼 비행에 나서서 다른 벌집 출신(그게 가장 좋다)의 수벌들이 모인 곳을 방문한다. 그리고 거기서 아주 난리법석을 떤다. 여왕벌은 일종의 '확대된 국가적 행사'라 할 만한 그 모임에서 최대 30마리의 수벌과 사랑을 나누어 정자를 몸 안에 모아 간직한다. 그리하여 평생토록, 알을 낳을 때마다 그 정자를 불러낸다. 이 광란의 행사는 공주벌이 경험하는 유일한 잔치다. 제 벌집에 다시 도착하면 일벌들은 마지막 수벌에게서 온 침이 공주의 몸에 아직 달려 있는 것을 보고서 다중 짝짓기에 성공했음을 인식해 공주벌을 통과시켜 준다. 이로써 젊은 여왕벌은 벌집을 넘겨받는다.

어미이자 지금껏 통치해 온 늙은 여왕벌은 젊은 여왕벌에게 궁전과 백성의 절반을 물려준다. 그런 다음 나머지 절반의 벌들과 함께 그곳을 떠나 딴 곳에 새 벌집을 짓는다.

하지만 젊은 여왕이든(최대 다섯 살 된) 나이든 여왕이든 사실 자기 백성들의 포로나 다름없다. 일벌들은 벌 왕국의 운명이 여왕의 안락에 달려 있음을 정확히 알기에 여왕벌을 정성껏 돌본다. 하지만 여왕벌이 공급해 줘야 하는 것이 있으니 바로 알, 알, 알이다. 하루에 낳아야 하는 알의 수는 2천 개다. 하지 무렵이면 벌집 속의 개체 수가 최대치에 이르러 4만에서 6만 마리 내외가 된다. 수정란에서는 기본적으로 일벌만이 부화한다. 수벌로 부화되는 알은 수정되지 않은 무정란으로, 이는 처녀 생식을 통해 만들어진다.

그리고 만약 여왕벌이 일찍 죽기라도 하면 일벌들은 어떻게 해야 하는지를 잘 안다. 이들은 벌집 속의 페로몬 함량의 변화를 감지함으로써 나라를 위태롭게 만드는 사멸의 조짐을 인식한다. 말하자면 냄새를 통해 멸종 위기를 아주 제대로 알아채는 셈이다. 그런 상황이 되면 이들은 즉각 벌집을 상황에 맞게 개조하고 그 속에서 부화하는 애벌레에게 왕후의 음식을 먹여 키운다. 자, 보시라! 이제 곧 새로운 여왕이 태어날 테니.

여왕은 죽었다. 새 여왕 만세!

question
16
벌은 모두 한 칸 벌집 안에서 살아갈까?

꿀벌은 무리 지어 사는 가장 일반적인 벌 종류이기는 하지만, 모든 벌이 다 그렇게 살지는 않는다. 오히려 꿀벌이 살아가는 방식이 예외라고 할 수 있다. 이른바 야생벌은 생활 방식에 따라 두 종류로 나뉜다. 하나는 무리를 이루어 살고 다른 하나는 혼자서 살아간다. 야생벌의 5%만이 무리를 짓고, 특히 야생벌에 속하는 뒤영벌이 그러한 것으로 알려져 있다. 하지만 짝짓기를 한 어린 여왕 뒤영벌은 저 혼자만 겨울을 난 뒤 봄이 되면 태산 같은 일을 해야 한다. 동족이 하나도 없는 상태에서 개체 수가 60에서 500 사이가 되는 군집 하나를 구축해야 하는 것이다.

대다수 벌은 독립적으로, 말하자면 솔로로 살아간다. 암컷은 영양분 덩어리인 스타터 키트를 이용해 수정란을 적절한 곳에 낳은 뒤 밀봉해 보호한다. 동물학자는 이를 '부화 돌봄'이라 부른다.

소위 뻐꾸기벌, 즉 기생벌은 독립적으로 살아가는 벌의 4분의 1 정도가 해당되는데, 다른 종의 벌이 알을 낳으려고 준비해 둔 곳에 자기 알을 낳는다. 게다가 그곳을 차지한 알에서 애벌레가 부화하면 원래 그 집을 지은 여왕벌이 나중에 그곳에 낳은 알이나 애벌레를 잡아먹어 영양을 섭취한다. 한 지역 내 뻐꾸기벌의 개체수가 압도적으로 늘면 주인벌의 개체군은 심지어 붕괴될 수도 있다. 그 결과 뻐꾸기벌까지도 더 이상 번식할 수 없게 된다.

결국 더 나은 패를 손에 쥐는 존재는 살아남는 용감한 벌들이다. 그들은 자기네 벌집을 점거해 써먹는 벌들에게 종속되어 있지 않기 때문이다. 다시 주인벌의 총량이 커진다. 한동안 비교적 방해를 받지 않기 때문이다. 물론 몇몇 뻐꾸기벌들도 살아남아

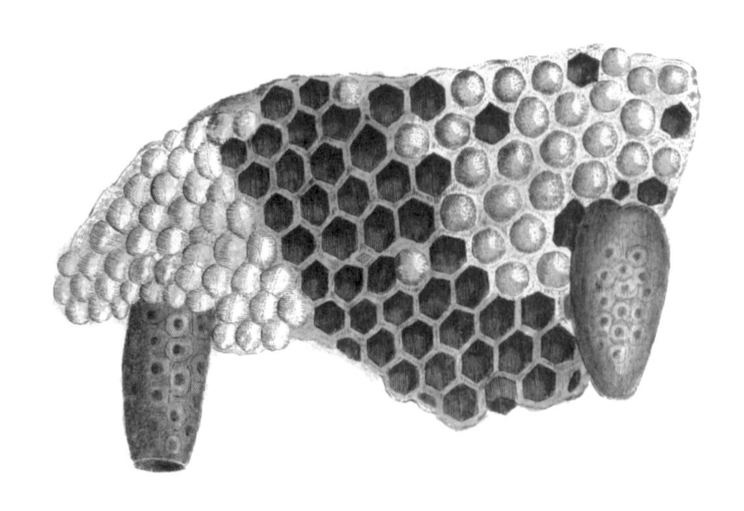

제 새끼들의 생존 가능성이 점점 커지는 것을 감지한다. 그러면 이제 그 리듬이 다시 시작되는 것이다.

하나의 생명 공동체가 종의 차원을 뛰어넘어 안정적인 체계를 회복하는 것을 보면 참 신비롭기 그지없다. 자연계의 균형은 결국 시간이 해결해 주는 문제다.

question
17

뒤영벌에 쏘인다고?

좀 무서워 보이는 꿀벌보다는 푸근한 느낌의 뒤영벌에게 훨씬 더 정이 가지 않나? 뒤영벌은 털도 복슬복슬하고 체형도 완벽한 유선형이 아니어서 제대로 날아다닐 수나 있을까 싶을 정도로 굼뜬 느낌을 준다. 뿐만 아니라 이 벌은 쏘지 않는다는 소문도 있다.

이 얼마나 엉터리 같은 소리인가! 뒤영벌은 꿀벌에 뒤지지 않을 만큼 부지런한 가루받이 일꾼이며, 방비 수단이 전혀 없는 존재도 물론 아니다. 당연히 침을 가졌다는 말이다. 하지만 꿀벌이 가진 무기보다는 더 작다. 게다가 침을 움직이는 근육이 너무 약하다 보니 특별한 노력 없이는 침으로 사람의 피부를 뚫지 못한다.

하지만 조심! 당연한 말이지만 뒤영벌도 공격할 수 있다. 위협받는다 싶으면, 예컨대 손바닥 위에 뒤영벌을 올려놓으면 가운뎃

다리 두 개를 들어 올려서 경고를 보낸다. 그다음 단계에서는 등을 돌리고 웅웅거리는 소리를 내면서 침을 들어 올려 경고한다. 침으로 찌르려는 것이다. 이때 만약 뒤영벌을 받쳐 주는 무엇이 있다면, 예컨대 벌을 붙잡거나 위에서 밟으면 벌침이 우리의 단단한 피부를 뚫을 수도 있다. 그리고 이 침에는 미늘 같은 갈고리가 없기 때문에 뒤영벌의 몸에서 뜯겨 나오지도 않는다. 그래서 침을 쏜 뒤에도 아무런 손상을 입지 않은 채 유유히 그곳을 떠날 수 있다.

이렇게 확실하게 정리할 수 있다. 날아다니는 뒤영벌은 우리를 쏘지 못하지만, 이와 반대로 위협을 받고 있는 뒤영벌은 우리 근처에서 뭔가 단단한 것에 자기 몸을 지탱할 수만 있으면 침으로 쏠 수 있다.

따라서 길 잃은 뒤영벌을 집 안에서 바깥으로 내보내려 한다면 유리컵 같은 것을 이용해 붙잡되, 쏘이지 않도록 손에 주의를 기울여야 한다. 그리고 잔디밭에 데이지가 피어 있다면 밟아서는 안 된다. 적어도 낮 시간 동안에는 말이다.

question
18

정원 연못에 물고기가 있는 것과 없는 것, 어느 게 더 좋을까?

연못으로 무엇을 하려는지에 따라 답은 달라진다. 어쨌든 연못에 물고기가 살고 있으면 신진대사 산물로 인해 물고기가 없을 때보다 연못 관리에 비용이 더 든다. 연못에서 돌아다니는 물고기 수가 많을수록 못물에 가해지는 부담도 더 커진다. 정원의 연못은 대개 자연계에 있는 연못보다는 규모가 크게 작은 데다 주택가에서는 물의 유출과 유입 그리고 이에 따른 물의 교환을 보장하는 작은 물줄기 같은 것을 찾기 어려우므로 못물에 질소가 쌓인다. 그러면 물풀의 성장이 촉진되고, 여름철에 기온이 올라가면 이는 더 가속화된다. 따라서 못물 속의 산소 함량은 크게 부족해진다. 아무런 조치를 취하지 않으면 연못에서 살아가는 동물, 그러니까 물고기들도 몽땅 질식해 죽고 만다.

그런 일이 생기면 여과 장치 몇 개를 사용해 산소를 공급해 주는 것으로 대응할 수 있다. 보조적으로 물 표면의 움직임, 즉 물결은 - 튕기는 물방울 입자가 고울수록 더 좋다 - 차가운 물에 공기 중의 산소를 추가로 넣어 준다. 그러므로 분수, 물이 샘솟는 돌 또는 작은 폭포 같은 것들은 그저 장식으로 갖다 놓은 게 아니다.

물고기가 만들어 내는 배설물의 양은 무척 제각각이다. 잉어목, 그중에서도 비단잉어와 금붕어가 선두를 달리는데, 이들이 있는 연못이라면 고성능 여과 장치 없이는 아무것도 할 수 없다. 토박이 야생종 물고기는 배설을 별로 즐기지 않는 편이다. 물론 그런 경우라도 개체 수가 기준을 넘어서면 대번에 문제가 생길 수 있다. 못물의 적절한 양을 알아보는 데에 공식이 있는데, 기본적으로 물고기 몸통 길이 1센티미터당 가장 많은 물을 권하는 것을 믿고 따르면 된다. 이때 정원 연못에 실제 들어가는 물만 따져야 한다. 말하자면 연못의 담수 용량 중에서 밑바닥에 깔린 흙과 돌은 일단 제해야 한다는 뜻이다. 전체적인 물의 양에서 적어도 1천 리터는 빼는 것이 좋다. 이 양은 연못 내 식물에게 얹어 주어야 하는데, 식물들도 밤이면 산소를 소비하기 때문이다. 물고기의 크기와 관련해 리터 수를 계산할 때에는 다 자랐을 때의 물고기의 예상 사이즈도 고려해야 한다. 물고기들이 안락하게 살며 증식해 가면 얼마 안 가 한계에 다다르며, 불가피할 경우 일정 개체를 연못에서 꺼내야만 한다. 과잉 개체를 자연에 풀어 주고 싶다면 연못에 토종 물고기만 있을 경우는 별 문제가 없다. 하지만 물고기를 키우지 않는 사람에게도 어느 날 반짝거리며 연못 속을 헤엄치는 존재가 눈에 띌 수 있다. 아무도 그 물고기를 거기에 풀어 주지 않았는데 말이다. 이 무슨 신비로운 조화란 말인가?

하지만 그럴 리가 없다. 경솔하게도 그 물고기를 선물로 가져온 손님이 있었을 것이다. 그 밖에 혐의를 받을 만한 존재로 물새가 있다. 예를 들면 오리나 왜가리 같은 것이다. 이들은 정원 연못가에서 휴식을 취하므로, 발에 물고기의 수정란이 붙어 있을 수 있다. 이 알들이 연못 속에서 계속 자라는 것이다. 이들의 성장을 가장 먼저 막아 주는 것은 양서류나 수생 곤충들이다. 알과 어린 물고기를 잡아먹어 버리는 것이다.

반대로 다 자란 물고기는 연못에서 커 가는 양서류와 부화한 곤충의 개체 수 증가도 막아 준다. 다시금 우리는 모든 생활 공간이 어떻게든 균형을 이루는 것을 보게 되는 것이다. 하나의 연못도 어항 하나와 같다. '생명체에게 굳이 없어도 되는 물의 양'이

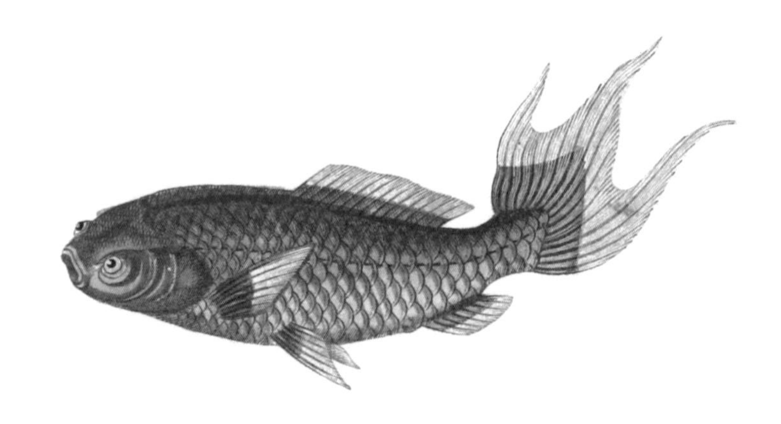

많을수록 재앙을 피하기 위한 인간의 개입 내지는 비용 지출이 줄어든다. 한마디로 요약하면, 연못을 꿈꾼다면 큼직하게 만들 생각을 하고, 물고기를 사러 간다면 가장 얇은 지갑을 갖고 가라는 것이다.

question
19

집에서 키우는 설치류를 정원에서도 키울 수 있을까?

터놓고 말하면, 아이를 위해 키우거나 우리에 넣어 키우는 털북숭이 설치류가 왜 그리 좋은지 잘 모르겠다. 이 동물 자체에 내가 별 매력을 느끼지 못하는 데다, 집에서 키우는 동물에게도 가능한 한 넓은 공간을 주어 나와 같은 공간 안에서 살게 해야 한다고 생각하기 때문이다. 이런 이유에서 우리는 고양이 두 마리와 함께 살고 있는데, 실내에서 자그마한 토끼를 키우는 것은 개인적으로 별로 실용적이지 않다고 여긴다.

만약 내게 정원이 하나 있는데 우리 집이나 인근에 사는, 설치류에 푹 빠진 아이들에게 기쁨을 선사하고 싶다면, 실외 울타리를 활용해도 좋을 듯하다. 위, 아래와 옆으로 달아나지 못하도록 철망 모양의 울타리만 세워 주면 끝일까? 물론 그것만으로는 부

족하다. 동물은 종에 따라 필요한 게 다 다르기 때문이다. 어쨌든 실외에 있는 동물 우리는 뜨거운 여름에는 그늘이 만들어져야 하고 겨울에는 얼어 죽지 않도록 단열이 되어야 한다.

토끼나 기니피그 같은 설치류는 길고양이나 개, 여우와 족제비처럼 야생을 자유롭게 달리는 육식 동물과 맹금류, 까마귀류 비행단에게 안성맞춤의 먹잇감이다. 따라서 울타리를 쳐서 이들이 밖으로 달아나지 못하도록 하고 다른 동물의 침입도 막아 주어야 한다. 여기에 든든한 지붕은 필수다.

자그마한 토끼 우리 같은 것을 떠올릴 수도 있겠지만, 그런 건 당장 잊어버리시라. 그런 공간에서는 종에 적합한 사육이 불가능하니까. 중간 크기의 토끼 한 마리에게는 3제곱미터의 '아무것도 없는 순수한 바닥 면적'이 필요하고, 기니피그에게는 한 마리당 적어도 1제곱미터의 공간이 필요하다. 그리고 이와 같은 군집 동물은 당연히 한 마리만 키워서는 안 된다. 동물 우리는 클수록, 구조는 변화무쌍할수록 더 좋은 법이다.

question

20

공작 한 마리를 키우려면 공간이 얼마나 필요할까?

꽤나 너른 땅덩이를 가졌거나 시골 오두막 같은 곳 또는 농장에서 사는 이들이 키우기에 가장 아름답고 덜 복잡한 동물이 공작일 것이다. 건물에 걸맞은 그런 동물을 소유한 사람들은 대개 어차피 닭 같은 가금류는 돈 주고 사먹는다고 생각할 것이다. 만약 그렇다면 공작에게 다가가는 길 한 구간이 널찍이 닦인 셈이다. 다들 공작은 콧대가 높다고 여기지만, 공작 중 가장 유명한 종인 인도공작(*Pavo cristatus*)은 참으로 다양한 색상의 깃을 지니고 있음에도 별 볼품없는 색상을 지닌 가금류, 다시 말해 다른 모든 가금류와 항상 잘 지낸다.

하지만 공작은 새장이나 우리에 가두어 키우기에 이상적인 새는 아니다. 꼭 그럴 필요도 없다. 이 새는 살던 곳을 잘 떠나지 않는 데다 조건만 양호하게 갖춰지면 달아나거나 날아가 버리지 않기 때문이다. 그 조건에는 대략 5천 제곱미터 정도의 변화무쌍한 땅도 포함되는데, 여기에 잠자리가 되어 줄 뿌리를 잘 내린 튼튼하고 키가 너무 작지 않은 나무들도 반드시 자라고 있어야 한다. 공작이 힘찬 날갯짓 몇 번으로 단계적으로나마 적어도 나무의 중간쯤에 있는 튼튼한 가지까지 올라갈 수 있으면 된다. 어쨌든 하늘을 나는 일이 공작의 강점은 아니니까.

그 외에도 이국적 외모를 통해 짐작하는 바와는 달리, 공작은 아주 강인한 데다 적응 능력도 뛰어나다. 새끼만 없다면 가벼운

서리쯤은 견뎌 내며, 날개만 일단 접고 나면 별 문제 없다. 자기가 살고 있는 곳에 작은 짐승, 곤충, 씨앗과 그리 크지 않은 열매라도 몇 개 있으면 알아서 먹이를 찾아 먹는다. 공작을 키우는 많은 이들의 경험에 따르면, 공작은 가득 든 제 밥그릇을 오히려 다른 동물들이 먹도록 내버려 둔다고 한다. 대다수 관상용이나 경제적 이유로 키우는 식물은 건드리지 않는다.

공작은 홀로 사는 것을 좋아하지 않는다. 수컷만으로 무리를 이루는 것이 전혀 불가능하지는 않지만 암컷 한 마리가 나타나는 순간 싸움이 시작된다. 자연계에서는 암수가 뒤섞여 살아가는데, 거기서는 암컷이 수컷보다 더 많다. 암컷은 새끼를 잘 보살피는 어미이기는 하지만 새끼들이 천천히 자라므로 추위, 습기 및 공작을 잡아먹는 천적들로부터 보호해 줘야 한다. 따라서 생후 첫 몇 주 동안은 날아다닐 수 있는 정도의 널찍한 새장 속에서 새끼를 키우는 것이 가장 좋다.

수컷 공작의 반짝이는 날개는 대략 세 살 때 만들어지며, 기다란 꼬리 날개는 여섯 살이 되어서야 비로소 온전해진다. 공작은 이십 년 넘게 살 수 있다.

공작이 살 집은 엄혹한 겨울이 있는 곳에서만 필요하다. 다 자란 수컷이 충분히 자리를 확보하려면 집의 높이는 적어도 3미터는 되어야 하며 횃대는 2미터 지점에 설치되어 있어야 한다. 그리고 그 아래에 '계단 횃대'가 한두 개 있으면 가장 좋다. 집이 밤을 보내거나 일시적으로만 이용되는 경우라면 공작 두 마리에 넓이가 15제곱미터면 충분하며, 한 마리가 늘어날 때마다 2제곱미터

넘게 추가해 줘야 한다. 창에는 안전을 위해 격자창살을 붙여 준다. 그래야 공작이 그걸 개구멍으로 착각하지 않는다. 바닥이 환한 것도 장점이 있다. '시커먼 구멍'은 위험한 곳으로 여겨 공작이 잘 찾지 않기 때문이다.

이웃과의 사이에서 문제가 발생할 수 있다. 특히 4월부터 7월 사이에 수컷이 내뱉는, 귀를 찌르는 울음소리가 소음이 될 수 있기 때문이다. 사람이 듬성듬성 흩어져 사는 시골 지역이라면 문제가 되지 않지만, 이웃집이 바로 곁에 붙어 있다면 양해를 구하거나 그 이웃이 꼬꼬댁 울어대는 닭을 적어도 한 마리는 키워서 청각적으로 엇비슷하다고 느끼기를 바라야 한다.

하지만 진심으로 말하건대, 나는 이 격렬한 '울음소리'가 전혀 싫지 않다. 그 울음은 세상에서 가장 아름다운 동물이 자신감 넘치고 사려 깊음을 보여주는 것 같다. 공작이 나이팅게일처럼 노래할 수 있다는 건 생각조차 할 수 없다. 그런 화룡점정은 정말 견딜 수 없을 테니까.

question

21

고슴도치가 과일을 겨울 숙소로 옮길 때 등짝의 가시를 사용할까?

이런 질문 역시 유치원 선생님들이 가을에 원아들에게 나눠주는 그림책이나 색칠 도안에 써먹을 수 있는 재미나고도 상상력을 자극하는 모티프다. 생각해 보라, 고슴도치 한 마리가 사과 하나를 등짝의 가시에 꽂아 걸어가는 모습을. 만약 내가 고슴도치라면 불룩한 등짝에 얹힌 사과가 무척 성가실 것이다. 또 겨울에 먹을 음식은 나 같으면 과일 창고에 저장하지 않고 먹어 치워 버릴 것이다. (어쩌면 나의 조상 중에 고슴도치가 있는지도 모르겠다. 계절을 가리지 않고 먹어 치워 살찌우는 데에는 이미 도가 텄기 때문이다.) 고슴도치는 어차피 식물성 먹이를 고집하지 않는 데다, 오히려 작은 짐승과 곤충을 잡아먹고 기운을 차린다. (이 점이 바로 우리 둘 사이의 결정적 차이다! 나는 메뚜기와 애벌레를 구운 신메뉴나 프랑스식 달팽이 요리보다 과일 샐러드와 채소 스튜를 훨씬 더 좋아하니까!)

늦가을이 되면 고슴도치는 공 모양의 둥지 안에서 몸을 웅크린 채 대략 다섯 달쯤 겨울잠을 잔다. 겨울철에 몸을 덜 움직이면서 휴식을 취하는 것과 겨울잠은 좀 다르다. 겨울잠을 잘 때에는 유기체 전체가 스위치를 끄고 최소한의 연료만 쓰면서 신진대사 과정이 진행된다. 고슴도치의 심장 박동 수는 분당 200회나 되지만 겨울잠을 잘 때에는 12회 이하이며, 분당 호흡 빈도 역시 50회에서 13회 정도로 줄어든다. 혈당 수치도 떨어지고 체온조차 외부 온도와 같아져서 기온이 섭씨 5도쯤 되면 체온도 이 수준으로 유지된다. 고슴도치는 겨울 휴식에 들어가기 전에 섭취해 지방의 형태로 저장해 둔 에너지로 이 시기를 이겨 낸다. 겨울잠을 자는 동안 고슴도치는 외부의 자극을 받아들일 태세가 되어 있지 않다. 하지만 무엇보다 기온이 따뜻해지면 깨어날 수 있으며, 깨어나면 몇 시간이나 며칠 동안 이리저리 주변을 쏘다닐 수도 있다. 하지만 이 일은 많은 에너지 소비를 야기한다. 잠잘 때 쓸 에너지

도 넉넉지 않은 판에 별도의 에너지까지 있어야 할 판이다. 한두 번은 몰라도 그걸 초과하는 겨울잠 중단은 있어서는 안 된다. 그렇지 않으면 봄철의 왕성한 활동을 위해 일단 반드시 갖추고 있어야 할 에너지 저장고가 일찌감치 바닥나 버리기 때문이다. 또 겨울에는 돌아다니는 달팽이류나 풍뎅이류가 별로 없어 주린 고슴도치가 지방층을 다시 두툼하게 만들 수 없다.

온화한 겨울이 일상화되지 않는 것, 그것이야말로 우리가 고슴도치를 위해 바라는 바다. 그렇지 않으면 고슴도치로서는 상황이 심각해진다.

question 22

겨울이 오기 전에 어린 고슴도치를 챙겨 주고 싶은데, 가능할까?

겨울이 시작될 무렵에 눈에 띄는 고슴도치라면 지방 저장분이 충분할 정도로 먹지 못했을 것이다. 그래서 겨울잠을 이겨 내기 어려울지 모른다. 가을에 태어난 새끼는 몸무게가 600~700그램은 되어야 하고, 다 자란 고슴도치는 몸무게가 그 두 배는 되어야 한다. 어쨌든 절대 1킬로그램에 못 미쳐서는 안 된다. 겨울이 시작된 뒤 고양이 사료 같은 것을 먹여 이들이 이 체중에 이른 다음에 비로소 사람의 보살핌 속에서 겨울잠을 자게 하는 것이 좋다.

대개 그렇게 되면 고슴도치는 자기가 잠자는 집에 익숙해져 있어서 그곳으로 되돌아가 은거할 수 있다. 겨울잠에 들기 직전이 되면, 다시 말해 고슴도치가 몸을 지속적으로 웅크리고 있으면, 잠자리를 만들어 고슴도치를 비교적 커다란 골판지 상자나 나무 상자 안에 넣고서 빈 공간을 신문지 따위로 채운다. 그런 다음 그걸 건조하지만 서늘한 곳에 갖다 둔다. 보통의 지하 창고는 대개 너무 따뜻한 편이다. 난방이 되지 않는 정원 창고나 지붕 있는 테라스의 안전한 구석이 더 적합하다. 해가 비치는 곳은 너무 일찍 데워지므로 햇빛이 막힌 북쪽 면이 최고다.

모든 일이 잘 풀리면 고슴도치는 대개 3월 말쯤 다시 잠에서 깨어나는데, 대체로 체중이 크게 줄어 있다. 야외에 놓아 주기 전에 다시 한 번 겨울잠 자기 전 상태로 체중을 불려 주어야 한다. 대략 3주 정도 지나면 다시 정원을 손아귀에 움켜쥘 수 있는 상태에 이르며, 어쩌면 돌봐 준 데 대한 화답으로 일단 채소밭의 달팽이들부터 마구 먹어 치울지도 모른다.

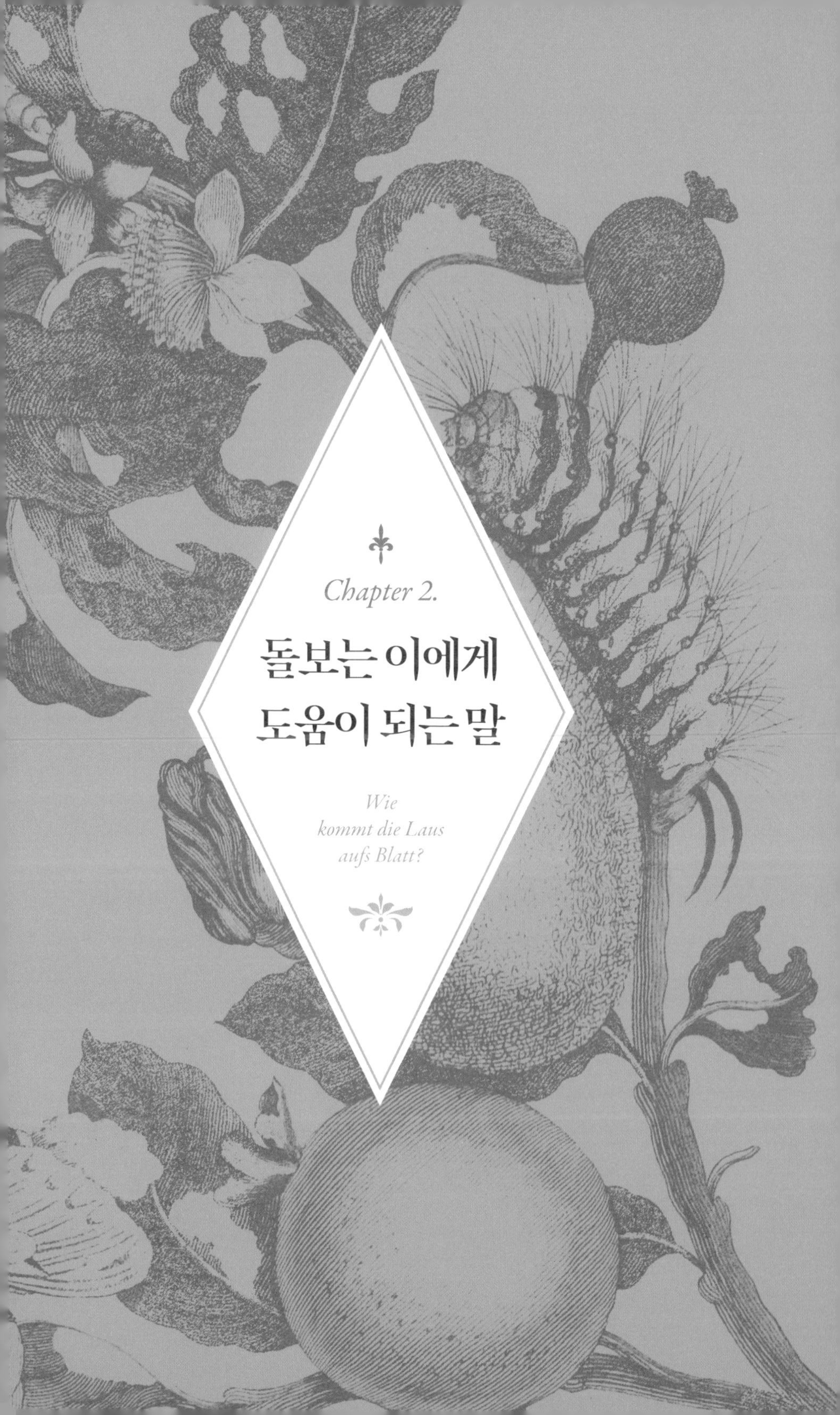

Chapter 2.

돌보는 이에게 도움이 되는 말

Wie kommt die Laus aufs Blatt?

question
23

곤충 전용 특급 호텔, 어떻게 지어주면 될까?

건자재 시장에 가면 곤충 호텔이라는 별난 이름을 단 곤충용 집이 완제품으로 나와 있다. 하지만 유감스럽게도 예전부터 이것이 곤충을 위한 집으로 안성맞춤이지는 않았다. 사용한 자재가 엉뚱한 쪽을 향해 있기도 하고, 너무 조악하고 모서리가 뾰족한 데다 뚫어 놓은 구멍도 매끄럽지 않은 경우가 흔하다. 그 결과 동물들의 연약한 날개가 부화하자마자 손상을 입는 사례도 있다. 확실히 챙기고 싶다면 다양한 곤충을 위한 숙소를 직접 지어도 된다. 몇 가지 주의 사항만 잘 지키면 나머지는 마음껏 환상의 나래를 펼쳐도 상관없다.

• 보관이 잘된 목재만 사용해서 그 안에다 다양한 두께와 깊이의 통

로를 드릴로 뚫어 준다. 생나무는 목질이 너무 쉽게 풀어진다. 목재는 길이 방향, 즉 자연스런 나무 무늬가 길게 드러나도록 자른다. 곤충에게는 목재의 수축으로 생기는 갈라진 틈이 좋지 않은데, 길게 자르면 그걸 피할 수 있다.

- 드릴로 구멍을 뚫을 때 각각의 구멍 사이에 약 2센티미터의 간격을 둬야 한다.
- 구멍 뚫기가 끝나면 구멍 속으로 여러 번 드릴을 회전시키면서 넣고 빼기를 반복한다. 그러면 구멍 벽면이 무척 매끄러워지고 구멍 안의 톱밥도 바깥으로 밀려 나온다.
- 구멍 뚫린 벽돌 같은 것은 고정 장치로 적합하지 않다. 이른바 '원형 컷의 평기와'를 사용하면 좋다. 비버 꼬리 기와라고도 하는데, 굽기 전에 점토를 기다랗게 당겨 늘였다. 이 기와에는 앞뒤로 맞뚫린 구멍들이 있어서 곤충의 집으로 쓰려면 구멍 뒤쪽을 밀랍이나 점토 따위로 메워야 한다. 그런 다음 기와를 차곡차곡 쌓아올리거나 옆으로 세운다.
- 수평으로 누워 있는 갈대 같은 것은 자연계에 없으며 그렇게 누워 있는 것은 둥지로도 거의 쓰이지 않는다. 차라리 다년생 초본이나 관목의 속 빈 마른 줄기 몇 개를 식물 곁에 그냥 내버려 두거나 다발로 묶어 처마 아래에 세워 두는 것이 좋다.
- 알맞은 키로 잘라 뒷면을 메운 대나무는 수평으로 늘어 두면 알 품을 때 쓰일 수 있다.
- 비슷하게 다듬은 딱총나무도 적합한데, 가을에 전지해 작은 크기로 자른 다음 겨울 내내 묵힌다. 그러다 봄이 되면 적당한 크기로

구멍을 뚫는다. 이 구멍도 당연히 안쪽 면이 매끈해야 한다.

- 서양산딸기, 장미 또는 부들레아에서는 나무의 심을 유지할 수 있는 가지들이 계속 생겨난다. 이 가지들을 한 해 겨울 동안 말렸다가 약 50센티미터 길이로 잘라 다발로 묶어서 비스듬하게 세워 둔다. 그러면 특정 벌 종류가 와서 스스로 알을 품기 위한 통로를 뚫어 만든다.

이 모든 자재는 단단히 조립해 볕이 들고 비바람이 들이치지 않는 곳에 두어야 한다. 예를 들면 이런 조건에 어울리는 벽면 곁에 말이다. 이렇게 제공된 둥지는 곤충들이 자유롭게 날아갈 수 있는 곳이어야 하며 한 해 내내 야외에 머물러 있어야 한다. 새가 곤충들에게 들이닥치는 것을 막고자 한다면 코 간격이 가로와 세로 각각 3센티미터 되는 그물을 보조 둥지 20센티미터 앞에 설치한다. 조류 차단용 그물 저편에서 일어나는 일은 우리도 어쩔 수 없다.

question 24

누가 가장 멋들어지게 살아갈까?

정원의 동물들이 집을 지을 때 사용하는 재료와 집이 들어설 둥지도 정원 동물의 세계만큼이나 다채롭다. 정원에서 살아가는 온갖 동물들의 소망 목록을 여기에 제시한다. 이를 참고해 이러저러한 둥지를 만들 수도 있고, 정원 한구석에 이미 조용히 둥지가 자리 잡고 있다면 그냥 내버려둘 수도 있다.

자재/장소	동물의 종류	집 디자인
나무의 움푹 패인 곳	올빼미류	건초 같은 별도의 둥지 자재는 별로 안 쓰임
지붕 서까래, 기와 지붕에 갈라진 틈	박쥐	통풍 잘 되고, 건조하게 - 나머지는 동물이 알아서 함
축 늘어진 나뭇가지	까마귀, 유라시아까치	대충 쌓아올린 작은 둥지가 좋다

가을 낙엽	고슴도치	널찍한 낙엽 더미
가을 낙엽	두꺼비	다소 작은 낙엽 더미
건초, 대팻밥, 양털, 털	다양한 명금류	납작한 주발 모양 둥지에 푹신한 쿠션
점토와 물	제비	건물 내벽 곁에 공이나 주발 형태로 두른 둥지
건조한 토양	서양뒤영벌	통로가 있는 관
모래 토양과 양귀비꽃	양귀비벌(요즘은 잘 안 보여 유감)	바닥에 작은 굴을 파고 양귀비꽃잎을 쿠션으로 깔아 줌
도기에 건초와 짚	집게벌레	머리 위쪽 높이쯤의 나무에 걸거나 막대 위에 세워 줌
도기에 건초나 양털	다양한 뒤영벌	머리 위쪽 높이쯤의 건조한 장소에 걸거나 세워 줌
고사목	수많은 곤충류	말라 죽은 나뭇등걸이나 가지를 있는 그대로 놔둠. 곤충은 그곳에서 안전이 보장되는 틈새를 찾거나 구멍을 뚫어 알 낳을 통로를 스스로 만듦
마른 담장	다양한 양귀비벌	틈새만 있으면 됨
인공 새집	박새, 유럽찌르레기, 나무 구멍에 알 낳는 작은 조류	얼개만 있는 완제품 둥지를 갖다 두면 새들이 쿠션을 추가함

question
25

식물로 일 년 내내 곤충들을 챙기겠다고?

여기에 내가 고른 식물 몇 가지를 제시한다. 이 식물들은 정원이나 발코니에서 살아가는 곤충들에게 일용할 양식을 제공하기에 손색이 없다. 게다가 다들 참으로 매력적이고 키우기도 간단하며 꽃도 오래도록 핀다.

이름	학명	무엇을	누구에게	꽃 피는 때
참취(개미취)(홑꽃)	*Aster*(속) 모든 종	꽃꿀, 꽃가루	벌과 나비류	8~11월
층꽃나무	*Caryopteris x cladonensis*	꽃가루	주로 나비류	6~9월
러시안세이지	*Perovskia atriplicifolia*	대부분 꽃꿀	주로 벌 종류	7~9월
보리지	*Borago officinalis*	대부분 꽃꿀	주로 꿀벌	5~7월
크리스마스장미	*Helleborus niger*	꽃꿀, 꽃가루	특히 뒤영벌	11~이듬해1월

국화(홑꽃)	*Chrysanthemum*(속) 재배품종	꽃꿀, 꽃가루	꿀벌, 뒤영벌, 나비류	8~11월
달리아(홑꽃)	*Dahlia x variabilis*	꽃꿀, 꽃가루	벌, 나비류	7~10월
마편초	*Verbena*(속) 모든 종	꽃꿀	벌, 나비류	5~10월
성초롱꽃	*Campanula*(속) 모든 종	꽃꿀, 꽃가루	특히 혼자 사는 벌	5~10월
베르가못	*Monarda didyma*, *Monarda fistulosa*	꽃꿀, 꽃가루	특히 뒤영벌, 나비류	6~8월
개박하	*Nepeta*(속) 모든 종	대부분 꽃꿀	벌, 나비류	5~9월
크나우티아 마케도니아	*Knautia macedonica*	꽃꿀, 꽃가루	특히 뒤영벌, 나비류	6~9월
크로커스	*Crocus*(속)	꽃꿀, 꽃가루	벌	2~3월
라벤더	*Lavendula*(속)모든종	대부분 꽃꿀	벌, 나비류	6~9월
봄 장미	*Helleborus orientalis*(속) 모든종	꽃꿀, 꽃가루	특히 뒤영벌	1~3월
금어초	*Antirrhinum majus*	대부분꽃가루	주로 뒤영벌	5~10월
가우라	*Gaura lindheimeri*	꽃꿀, 꽃가루	벌, 나비류	5~10월
앵초	*Primula*(속)모든 종	꽃꿀, 꽃가루	벌	3~5월
금잔화(홑꽃)	*Calendula officinalis*	꽃꿀, 꽃가루	벌,혼자사는벌	5~9월
장미(홑꽃)	*Rosa*(속)모든부류와종	대부분꽃가루	벌과 뒤영벌	5~11월
털갈매나무	*Ceanothus impressus*	꽃꿀, 꽃가루	벌, 나비류	6~8월
샐비어	*Salvia*(속)모든 종	대부분 꽃꿀	벌, 나비류	5~10월
에키네시아	*Echinacea*(속)	꽃꿀, 꽃가루	특히 꿀벌, 나비류	6~9월
코스모스	*Cosmos bipinnatus*	꽃꿀, 꽃가루	벌, 나비류	5~10월
스카비오사	*Scabiosa caucasica*, *Scabiosa columbaria*	꽃꿀, 꽃가루	벌, 나비류	5~10월

부들레아	*Buddleja davidii*	꽃꿀	주로 나비류	6~10월
헬리오트로프	*Heliotropium arborescens*	꽃꿀, 꽃가루	특히 꿀벌과 뒤영벌	5~10월
스페인데이지	*Erigeron karvinskianus*	꽃꿀, 꽃가루	벌	4~10월
제라늄	*Geranium*(속) 모든 종	대부분 꽃꿀	특히 혼자 사는 벌	5~10월

question 26

단정한 정원과 그렇지 않은 정원, 어느 게 더 좋을까?

내가 생각이라는 걸 하게 된 뒤로 질서라는 개념은 늘 논란거리였다. 예컨대 십 대 시절 어머니와 일상적인 토론 끝에 배운 것은, 내 방에 이리저리 옷가지가 널려 있으면 가지런하지 않은 것이며 한 번 쓴 찻잔은 식기세척기 위에 올려놓지 말고 곧장 식기세척기 안에 집어넣어야 한다는 것이다. 질서란 당연히 배워야 한다. 왜냐고? 스스로 그걸 익혀 즐거이 자발적으로 행하는 아이는 하나도 보지 못했으니까!

그러므로 나는 질서란 순전히 관점의 문제이며, 해야 할 일을 덜어 줄 때에 일차적으로 의미가 있다고 생각한다. 이를테면 빨래나 설거지 같은 일이다. 당장 써야 할 물건을 찾아야 하는 상황에도 쓸모가 있다. 내 어린 시절에 어른들이 하시던 또 다른 말씀도 그런 상황에서는 나름 유효하다. "질서를 지키고 그것을 좋아하라. 질서를 지키면 시간과 수고를 줄일 수 있다." 정원 일을 할 때에도 창고에 각종 도구가 가지런히 정리되어 있으면 무척 유리하다.

하지만 정원 자체도 잘 정리되어 있어야 할까? 그렇다면 정리되어 있다는 건 도대체 무슨 뜻일까? 당연하지만, 이 말은 우리 인간이 정원 안에 들여놓는 모든 것에 다 해당된다. 정원에 놔두는 의자나 식탁 등 가구도 겨울철에 아무 데서나 나뒹굴어서는 안 되며, 고아처럼 내팽개친 그릴 장비와 땅을 고르는 갈퀴 그리고 낙엽이나 나뭇가지가 가득 실린 손수레도 마찬가지다. 하지만 어머니 대자연이 스스로 행하는 '무질서'라면 상황은 다르다. 예컨대 시들거나 떨어진 꽃 같은 것 말이다.

가지런히 정돈된 정원을 원하는 이들은 아름다움에 대한 일반적 이해에 부합하지 않는 모든 것(이게 뭔지는 카탈로그에 나오는 사진이나 고전적인 공원을 보면 알 수 있다)도 즉각 치워 버린다. 정원이 부엌이나 거실처럼 정돈되어 있어야 하는 것이다. 하지만 그런 인위적이고 지극히 인간적인 질서는 많은 문제를 불러일으키며 얼마 안 가 산업계가 제공하는 링거 주사에 매달리게 한다. 그 업계에서는 정원용으로 쓸 수 있는 온갖 종류의 세정제 같은 것도 판매하니까.

따라서 이쯤에서 관점을 바꿔야 한다. 우리는 정원에서는 식물과 다양한 작은 동물, 그리고 인간이 운명 공동체를 이루어야 한다고 생각해 왔다. 전체 시스템은 가능한 한 모든 참여자가 제 몫을 얻을 때에만 무리 없이 잘 돌아간다.

무슨 뜻이냐고? 정원에서 인간은 결정권자이지만, 그런 절대 권력을 어느 정도 내려놓고 타협해야 한다는 뜻이다. 예를 들어 관목의 줄기가 가을이 되어도 쓰러지지 않은 채 그대로 있어서 좀 밉상스러워 보인다. 그렇다면 이걸 잘라 버려야 할까? 여러 야생벌과 다양한 곤충들은 할 수만 있다면 그런 조치에 강력하게 이의를 제기할 것이다. 겨울나기에 그만큼 훌륭한 숙소도 없기 때문이다! 낙엽 더미도 마찬가지다. 바로 잔디밭 위에 떨어져 있지만 않다면 말이다. 이 낙엽을 다 치워 버리면 고슴도치 친구들은 물론이요, 식물을 애먹이는 별별 녀석들을 없애는 일에 아주 제대로 도움을 주는 두꺼비들도 욕을 할 것이다.

채소밭 수확이 끝나면 우리는 거기서 잡초 따위를 싹 제거한 다음 가을에 땅을 갈아 주려 하는데, 그곳은 수도 알 수 없을 만큼 많은 미생물들의 고향이다. 그러니 미생물들로서는 그런 난리가 들이닥치면 "멈춰!"라고 외치고 싶으리라. 제 눈에 대륙처럼 보이는 그 밭을 몽땅 갈아엎을 때, 그들이 목소리를 낼 수 있다면 귀

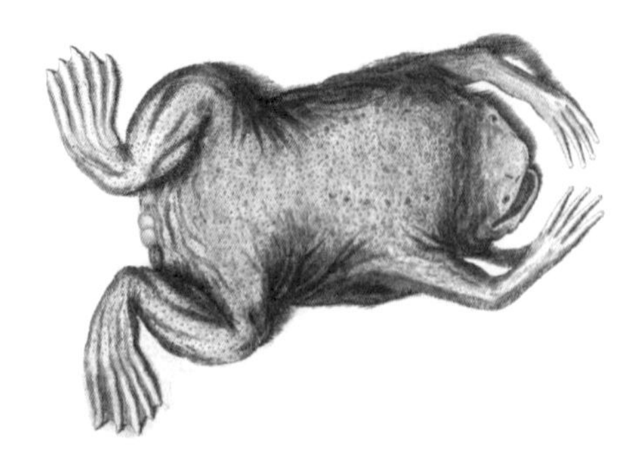

가 먹먹해지도록 크게 반대할 것이다. 그리고 아직 쐐기풀이 무성하게 자라는 구석진 곳(내버려 두는 것을 옹호하는 목소리를 내는 존재는 예를 들면 쐐기풀나비와 공작나비다)이나 다년생 초본이 자라나던 곳의 다양한 꽃바구니들(텃새 무리를 위해서 이 밥상을 그대로 놔두시라!)도 마찬가지다.

정원을 더 자주 돌아다닐수록 이들 식물의 잔해가 다른 어떤 생명체에게는 무척 쓸모가 있음을 이해하게 된다. 한마디로 낭비되는 것이 하나도 없다.

신경이 날카로워진 가장이 "네 거름은 너 혼자서 만들어. 나는 이제 아무것도 안 할 테니."라고 말하는 것을 나는 이해할 수 있다. 이런 가장 역할이라면 유지해도 될 것 같다. 우리 정원의 온갖 동물들이 가장 마음에 들어 하는 말이 이것이라는 것을 알고 있나?

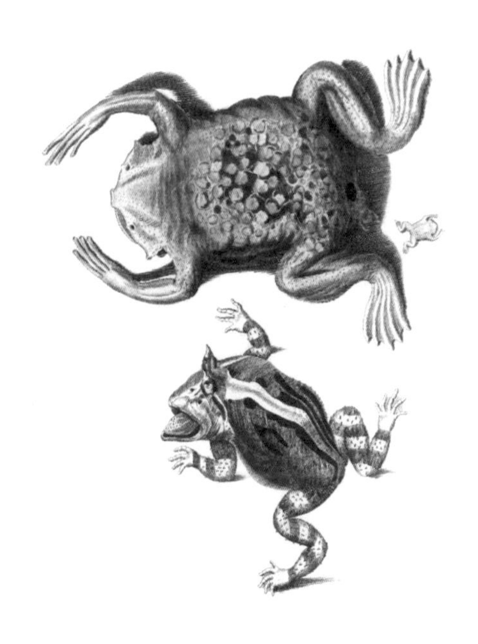

question

27

여름철에 날이 점점 더 덥고 건조해지면 동물에게 어떻게 도움을 줄 수 있을까?

우리 인간 중 일부가 극한적이라고 느끼는 기상 상황도 독일 토종의 모든 동물은 적어도 몇 주 동안 놀라울 정도로 훌륭하게 견뎌 낸다. 생존 기간이 길지 않은 동물종은 건조한 날씨가 한 달가량 이어지면 개체나 세대 전체가 위험에 빠지기는 한다. 하지만 장기적으로 보면 예컨대 알 같은 지속 가능한 생명 형태는 늘 살아남으며, 종 자체는 기본적으로 특별한 기상 상황 탓에 생존의 위험에 빠지지 않는다.

하지만 최근 천 년간 우리가 경험했다시피 매우 건조한 여름이 점점 잦아지고 있다. 인간이 이 열기에 끙끙 신음하기는 해도, 기온이 높은 것은 물이 부족한 것보다는 훨씬 덜 심각한 문제다. 식물과 동물은 물론이고, 인간까지도 결국에는 위험에 빠뜨리는 것은 가뭄이다. 적어도 이곳 독일은 물이 넉넉한 편이다. 설령 물 사용을 엄격하게 제한할지라도 먹을 물은 분명 충분히 넉넉할 것이며, 적어도 세탁물 종류에 따라 분리 세탁할 정도는 될 것이다.

동물은 천연의 샘이나 물이 있는 곳이 마르는지를 잘 살핀다. 강이나 호수의 물 높이가 눈에 띄게 낮아지는 것만 중요한 것이 아니다. 맨 먼저 마르는 것은 수많은 작은 고인 물이다. 예를 들면 모퉁이의 자그마한 둠벙, 빗물이 고이도록 만든 배수로, 마을 외곽의 조그만 개천, 그리고 비가 조금만 와도 다져진 땅 위에 물이 고이는 작은 웅덩이들 말이다. 얼마나 많은 동물이 그런 대수롭지 않은 수원지에 기대어 살아가는지 우리는 전혀 알지 못한다. 나비도 새도 고슴도치도 갈증을 느낀다. 먹이 속의 수분을 통해 필요한 물을 충당하는 동물은 극소수에 불과하다.

여기에 도움을 주는 방법은 아주 간단하다. 새들을 위한 다양한 물통을 고양이의 발길이 닿지 않는 야외에 두면 된다. 아니면 사발이나 큼직한 화분 받침대를 바닥에 두고 하루에 한 번만 물을 채워 주어도 된다. 그러면 거기를 오가는 목마른 동물들도 우리가 아끼는 협죽도나 부겐빌레아처럼 물이 부족한 시기를 잘 넘길 수 있다. 만약 정말로 필요한 물의 양을 계산해야 하는 상황이라면, 식물 한두 가지에 물 주는 것을 포기하는 한이 있어도 부디 동물에게 물을 주기를 바란다.

물을 제공하는 것과 같이 간단하게 할 수 있는 친절한 행위는 그늘진 곳을 몇 군데 마련하는 일이다. 우리 집 옥상 테라스는 여름이면 무척이나 뜨거워지는데, 발길이 별로 닿지 않는 모퉁이

두 군데만으로도 충분하다. 이곳은 벽과 덤불 탓에 그늘이 져서 열기를 어느 정도 차단해 줄 수 있다. 게다가 이번 여름에는 거기에 동물을 위한 정자도 하나 세운다. 정자 위에 덧씌울 천막은 강풍이 불거나 비가 계속 내리지만 않으면 벗겨내지 않을 생각이다. 그러면 그늘을 찾는 동물들이 한동안 아무런 방해도 받지 않고 쉴 안전한 공간을 갖게 될 테니까. 열기가 이글거리는 한낮에는 어차피 우리가 집 안에서 선풍기를 켜 놓고 지내니, 저녁에 내가 바깥에 나가 식물에게 물을 주고 물통에 다시 물을 채울 때까지 그곳 동물들은 제 세상 만난 듯 늘어질 수 있다.

question
28

박새들이 하필 우리 집 테라스 의자 위에 둥지를 틀면 어떻게 하지?

일단 기뻐할 일이다! 어쨌든 새들이 그곳을 푸근하고 안전한 곳이라고 느낀 데다 이 땅에서 제 새끼를 키워 낼 길을 하나 찾았으니 말이다. 둥지를 튼 곳이 하필이면 해코지를 당할 수 있는 곳이거나 다른 동물들이 쉽게 다가가 공격할 만한 곳만 아니면 그냥 내버려둬도 괜찮을 것 같다. 새똥 같은 것으로 지저분해지는 일은 없을 테니 말이다. 제 새끼 지키는 일에 관한 한 박새 부모들은 남들이 알아챌 수 있는 흔적을 일단 전혀 만들지 않는 데다 새끼들이 남긴 것들도 날마다 바깥으로 실어 나르기 때문이다.

물론 박새(박새만 그런 건 아니다)가 사는 곳은 가능한 한 고요해야 한다. 그래야 알 품는 일, 곧이어 부화한 새끼들을 먹여 살리는 일에 온 힘을 쏟을 수 있다. 이런 환경은 각별한 배려 없이는 만들 수 없다. 한 번은 박새가 발코니의 문 바로 옆에 둥지를 틀었다. 그걸 발견하자마자 우리는 그 문을 드나들 때 매우 조심했으며 발코니에 나가서도 조용조용 이야기를 나누었다. 부화는 순조롭게 진행되었고, 얼마 안 가 새끼들 특유의 재재거림을 들을 수 있었다. 멀리 나갔다 돌아오는 어미를 열렬히 환영하는 울음소리였다. 이제 중요한 일은 부모 새들이 겁먹지 않도록 하는 것이다. 우리는 발코니에 앉아서 새들을 바라보았다. 처음에 박새 부부는 일단 상자처럼 생긴 발코니의 위쪽에서 부리를 잔뜩 내민 채 우리를 주시하며 둥지 쪽으로 날아들지 않고 머뭇거렸다. 그래서 우리는 거기서 최대한 멀찍이 떨어져 앉아 조용히 움직이면서 새들을 쳐다보지 않았다. 시간이 좀 지나자 새들은 우리가 전혀 위협이 되지 않는다는 것을 알았다. 상호 묵시적 양해하에 계약을 맺은 것이다. 우리는 위협적인 행동을 하지 않을 테니 너희는 새끼들을 잘 키우라는 계약 말이다. 이후로도 우리가 발코니에 머무는 동안에는 박새 부부가 직접 둥지로 날아가지 않고 늘 체꽃과 해꽃 한복판에 잠깐 중간 기착하기는 했지만, 그들이 물어 온 벌레가 마침내 새끼 박새의 주둥이 속으로 들어가는 데에는 아무런 문제도 없었다. 그러던 어느 날 새끼 박새들이 사방으로 풀쩍풀쩍 뛰어다니더니 드디어 첫 비행을 시도했다. 그리고 얼마 안 가 어린 새들도 사라지고 텅 빈 둥지만 남았다. 우리는 그렇게 남은 둥지를 치우고 박새가 집으로 쓸 수 있는 상자 하나를 좀 더 조용한 곳에 달아 주었다. 그 해의 부화 시즌은 이미 지난 게 분명했다. 이듬해 봄에야 비로소 누군가가 그 상자를 발견했으니까. 그

주인은 바로 박새, 그것도 열광하는 박새였다. 중요한 건, 함께 살아가는 것이다!

question
29

창유리를 향해 돌진하는 새, 어떻게 막을까?

우리는 대수롭지 않게 여기지만 실상은 그 규모가 엄청나다. 독일 자연보호연맹(NABU)은 독일에서 유리창에 충돌하는 새의 수가 1억 마리 정도 된다고 추정했다. 독일 평균으로는 단독주택이라면 한 해에 한 채당 대략 두 마리가 이런 방식으로 죽고, 사무용 건물이라면 숫자가 더 커진다. 독일의 텃새 수가 5억 마리이고 철새의 수가 5억 마리 정도임을 감안할 때 해마다 독일 내 모든 조류 중 5~10%가 창유리에 충돌해 목이 부러진다고 할 수 있다. 그런데 새들은 도대체 왜 브레이크도 밟지 않고서 창유리로 돌진할까?

분명한 사실은, 새들에게는 유리창이 아무 장애물도 없는 텅 빈 길처럼 보인다는 것이다. 특히 창 두 개가 직각으로 직접 나란히 붙어 있거나 서로 마주보고 있으면, 새 입장에서 거기에 길을 막는 장애물이 있다고 추측할 이유가 전혀 없다. 하지만 유리창에 나무, 덤불 또는 텅 빈 하늘이 비쳐도 새들에게 치명적이긴 마찬가지다. 새가 흔쾌히 그곳으로 날아가서는 안 될 이유가 없는 것이다. 그리고 어둠 속에서는 건물 내부의 빛으로 인해 반짝이는 창유리가 문제다. 밤에 돌아다니는 새들은 유리로 된 장벽을 보지 못한 채 빛에 이끌려 날아가기 때문이다.

새를 죽음으로 모는 이 세 가지 치명적인 요소의 위험성을 완화시킬 수는 있다. 예를 들어 마음대로 날아가도 되는 비행 경로라고 착각하지 않도록 커튼을 설치하는 것이다. 반사량이 적은 유리나 특수 비닐을 사용하거나 창유리를 닦지 않음으로써 반사 현상을 효과적으로 줄일 수도 있다. 유리창 닦는 걸 싫어하는 사람에게 제격이다. 어쨌든 전등은 밤에 필요할 때에만 켜야 하며, 가장 좋은 방법은 커튼으로 가리는 것이다. 그러면 사생활도 지킬 수 있다.

하늘을 나는 맹금의 실루엣을 오려 창유리에 붙여 두면 작은 새들이 겁을 먹어 접근하지 않을 거라고? 새를 사랑하는 많은 사람이 그렇게 여기지만, 유감스럽게도 작은 새들은 그런 그림자를 위험으로 감지하면 거기에 곧장 적응한다. 게다가 검정색 스티커는 해질 녘에 새들의 눈에 잘 보이지도 않는다. 조류를 보호하기 위해 다양한 표시물을 써야 한다면 밝고 어두운 색이 교차된 띠 모양의 디자인이 가장 적합하다. 새들이 가장 잘 인식하는 색상은 오렌지색이다. 이 경우 세로줄 띠는 폭이 대략 6밀리미터

이고 가로줄 때는 폭이 4밀리미터 정도라야 할 것이다. 멋지기까지 하다!

그러니 새를 위해 먹이통을 설치한다면 커다란 통유리창 바로 앞이나 유리창이 있는 테라스 바로 앞은 피하는 것이 가장 좋다. 과실치사를 유발하고픈 사람은 없을 테니까.

question 30

익충이 저절로 나타나기까지 때로 몇 주의 시간이 걸리는 건 왜일까?

화창한 어느 날 바깥에 나와 보니 어린 장미에서 새순이 돋아 나 있는 게 아닌가. 그런데 어린 장미는 진딧물로 뒤덮여 있다. 장미는 무당벌레라는 정의의 기사가 나타나기를 학수고대한다. 하루, 이틀이 가고 닷새를 기다려도 무당벌레는 오지 않고 진딧물만 더 늘어난다. 온몸이 조금씩 뜯겨 가던 새순은 점점 시들어 간다.

꽃을 좋아하는 친구들은 이런 긴장을 못 견딘 나머지, 이제 익충은 어차피 오지 않을 모양이라며 짜증을 내고는 독극물 스프레이를 움켜쥔다. 하지만 이건 우리가 할 수 있는 최악의 선택이다. 화학적으로 합성된 소위 식물 보호제는 좀 눈감아 주는 법이 없다. 이걸 투입하는 순간 진딧물도, 천적을 통한 진딧물 통제도 끝장난다.

자연계의 실상은 어떤 모습일까? 무당벌레 일당은 일단 진딧물이 어디에 있는지를 찾아내야 한다. 그러는 데에 여러 날이 걸릴 수 있다. 그런 뒤 엄마 아빠 무당벌레가 그곳에 알을 낳고, 그 알에서 애벌레가 부화해야 한다. 진딧물에 대해 아주 강력한 식욕을 드러내는 것은 바로 이 애벌레다. 이 모든 일이 아주 제대로 진행되는 데에 2주 내지 3주가 걸린다.

하지만 진딧물이 장미의 어린 봉오리를 몽땅 사각사각 갉아먹는 것을 그렇게 오랫동안 바라보고만 있을 필요는 없다. 처음에 진딧물이 달려들면 나는 날마다 한 번 장미가 자라는 곳을 지나가면서 손으로 진딧물 떼를 훑어서 잡아 준다. 그냥 옆을 지나다가 아주 우연인 듯 그렇게 하는 것이다. 대단한 일도 아니다. 물론 그렇게 해도 살아남는 진딧물이 몇 녀석 있다. 그거야 어쩌겠는가. 하지만 더 효과적인 제거 부대를 끌어들이는 것이 바로 이 살아남은 진딧물들이라는 말씀. 이는 지금까지 매번 들어맞았다.

나로서는 진딧물이 이파리 몇 장을 몇 주 동안 갉아 먹는 것이 전혀 거슬리지 않는다. 더 중요한 일은, 자연계의 순리에 따라 내가 키우는 식물이 겪는 위험이 차단되고, 더 나아가 그 일이 자연을 이루는 아주 정상적인 요소가 되는 것이다. 자, 지금까지 도대체 무슨 일이 일어났던가? 진딧물 몇몇이 번식했고, 이들이 장미 이파리 몇 개를 갉아 먹었다. 하지만 장미는 그걸 견뎌 내 살아남는다. 그리고 무당벌레 몇 마리도 마찬가지로 살아남아서 제 새끼들을 챙기고 있다. 모든 게 질서정연하지 않은가?

question

31

박쥐를 정원에 살게 할 수는 없을까?

박쥐는 올빼미, 나방과 더불어 수많은 편견에 맞서 싸워야 하는 야행성 동물 중 하나다. 뱀파이어가 나오는 소설이나 무시무시한 이야기, 심지어 보물이 숨겨진 동굴을 찾아 권총 한 자루 달랑 들고 떠나는 모험에도 박쥐 떼가 갑자기 위로 날아올라 간담을 서늘케 하는 극적인 장면이 반드시 등장한다.

도대체 왜 이런 장치가 먹히는 걸까? 이는 분명 우리가 실상 파악이 당장 되지 않는 일에 기본적으로 조심하고 방어적 태도를 취하는 탓일 것이다. 또 박쥐라는 존재는 예컨대 낮에 활동하는 생쥐와는 완전히 다르다(물론 이 생쥐도 갑자기 쓱 지나가면서 때로 약간의 공황을 자아낼 수 있다고는 한다.). 우리 인간은 낮에 주로 활동한다. 적어도 인간의 주 감각인 시각은 햇빛에 맞춰져 있다. 다른 모든 감각적 인상들, 예컨대 냄새나 소리의 경우 우리는 직관적으로 눈으로 보고 사후에 확인하려 한다. 그리고 우리의 눈이란 밤에는 기능이 그리 신통치 않아서, 인간으로의 종 발전이 시작된 이래 밤은 늘 낮 시간보다 더 큰 위험을 감추고 있다. 우리 인간이 그렇게 여긴다는 말이다. 밤에 일어나는 일에 대한 이 같은 유의미한 조심성은 예컨대 문화적으로 발달한 종교적인 여러 관념에도 잘 녹아들어 있다. 그리스 신이든 이집트 신이든, 기독교든 아니면 새로 유행하는 밀교든 상관없이 '밝은 세계의 선인들'은 항상 '어둠의 악인들'에 맞서 싸운다. 흔히 구할 수 있는 어린이 영화조차도 이런 뻔한 구도 없이는 돌아가지 않는다. 그래서 대표적인 야행성 동물들은 불가피하게 '악한'의 역할을 맡는다. 그 선두에 있는 것이 박쥐다.

하지만 박쥐는 매력적일 뿐 아니라 이롭기도 하다. 나 개인적으로는 낮에 활동하는 유럽칼새와 마찬가지로 박쥐에게 정이 간다. 박쥐는 비록 대단히 민첩하지는 않지만 대체로 야행성 날벌레로만 밥상을 차린다. 전매 특허라 할 음파를 발사해 거리를 잰 다음 그냥 쓱 날아가다가 먹잇감을 잡아먹는다. 인간이 만든 음파 측심 시스템이란 기계는 박쥐의 시스템을 베낀 것이다. 따라서 야행성이라는 특징은 정원에 박쥐를 살게 하겠다는 것에 대한 반대 논거가 결코 되지 못한다.

첫 단계는 물론 화단을 조성해 꽃이 야행성 벌레들을 꼬드기게 하는 것이다. 나방이 오면 박쥐도 온다. 밤에 꽃봉오리가 벌어지는 환한 색상의 꽃, 예컨대 덩굴별꽃, 달맞이꽃, 치커리 또는 재스민 등은 말하자면 밤 화단을 장식하는 쓸모 있는 꽃이다. 물 놔두는 곳이나 새의 물통이라도 하나 있으면 벌레를 꼬드기는 데에 도움이 된다. 밤에 돌아다니는 벌레들도 갈증이 나기 때문이다. 그리고 가장 핵심은 살충제나 여타의 독극물을 정원에서 절대 사용하지 않는 것이다.

박쥐가 정원에서 사냥만 하는 것이 아니라 정착해야 한다면, 예컨대 속이 움푹 파인 나뭇등걸이나 사용하지 않는 지하실 또는 농기구 창고 등 한마디로 박쥐를 보호해 줄 만하고 어둡고 서늘하고 건조하며 얼음이 얼지 않는 곳이 원칙적으로 적합하다. 박쥐 집이나 납작한 상자(만드는 법은 여러 자연보호단체의 웹사이트에서 볼 수 있다. 또 전문 상점에 가면 쓸 만한 박쥐 집을 구입할 수 있다)를 나무 속 또는 건물 벽면의 그늘지고 조용한 곳에 달아 놓을 수도 있다. 지방정부는 교외의 너른 땅을 작게 구획해 소정원 구역으로 만들어 개인에게 빌려주기도 한다. 아주 드물게 이 구역 내의 조용한 정원들이 한밤중 정겹게 쏘다니는 박쥐들의 안식처가 되기도 한다.

question
32

새가 익충을 잡아먹는 걸 막을 수는 없을까?

자연은 해충과 익충을 구분할 줄 모른다. 그러니 새로서는 뭘 골라 먹을 이유가 없다. 눈에 띄는 것, 부리 안으로 들어가는 것을 잡아먹을 뿐이다. 무당벌레는 쓴 맛이 강해 새가 어쩌면 제1차로 골라 먹지는 않을 것 같다. 하지만 진드기 처리 요원으로도 전혀 손색없는 착한 풀잠자리는 박새의 주둥이 안으로도 아무런 문제 없이 잘 들어가는 것 같다. 아뿔싸, 여기에도 인간이라는 잘난 존재가 끼어들어 있구나. 사자가 (생기 넘치고 거리낌 없는) 어린 양 곁에 누워 있는 이상적 낙원이라는, 겉만 번지르르 반짝이로 뒤덮인 상자에서 빠져나와야 한다. 자연은 익충과 해충도 선과 악도 나누지 않는다. 또 정원에서 하듯 자연과 일해야 하는 이들은 그런 범주를 내려놓기가 더 쉽다.

물론 '쓸모 있는' 가루받이 일꾼을 위해 곤충 호텔을 지어 주었는데 그곳에서 자라난 대다수 곤충이 새의 뱃속으로 들어간다는 것을 알면 허망하기도 하다.

하지만 그건 가능한 한 많은 곤충을 살리기 위해 우리가 나서야 한다는 뜻일 뿐이다. '유용하든' 혹은 '해롭든' 전혀 상관없다. 새의 먹잇감이 늘어나면, 우리 입장에서는 그리 반갑잖은 종에게도 그 새들이 태클을 걸 것이다. 생물 다양성이 증가하고, 그것이 잘 이루어질수록 '정원'이라는 시스템은 더 안정될 것이다. 이것이 바로 우리가 성취하고픈 것이 아닐까?

question
33

곤충은 모두 꽃꿀을 먹어야 할까?

곤충은 동물계에서 종의 수가 압도적으로 많은 무리다. 우리가 알고 있으며 동물학적으로 파악된 곤충은 약 백만 종으로, 인간이 기술하는 모든 동물의 60%에 이른다. 그리고 바로 이 곤충 중 아직 발견되지 않은 종이 엄청나게 많을 것이라 추측하고 있다.

포유류의 경우 종이 얼마나 많고, 얼마나 다양한 먹이를 먹는지 이미 알고 있다. 마찬가지로 곤충도 동물성과 식물성 먹이를 섭취하는 부류, 꽃꿀을 먹는 부류, 꽃즙 따위는 거들떠보지도 않는 부류가 있다.

생물의 진화 과정에서 최초로 등장한 곤충 집단은 딱정벌레류로, 시간적으로는 고생대 마지막 시기인 페름기, 그러니까 약 2억 6500만 년 전이었다. 꿀을 제공하는 꽃식물이 처음 등장한 것은 그로부터 1억 2천만 년쯤 지난 백악기였다. 가장 오래된 꽃식물로 목련을 들 수 있는데 1억 년 전부터 존재해 왔다. 이 꽃의 가루받이는 딱정벌레가 한다. 당시에는 꽃에 관심을 가진 날벌레가 드물었던 탓이다. 당시 딱정벌레가 눈독 들였던 것은 풍부한 에너지를

지닌 꽃가루였으며, 이런 습관이 오늘날까지 이어지고 있다. 이들이 꽃을 찾아가 가루받이해 주는 능력은 오히려 평균 수준일 뿐, 몸이 둔해 자기 먹이에 제대로 다가가지 못한다. 그러면 딱정벌레는 어쩔 수 없이 꽃잎을 깨물어 뚫어 버린다.

어떤 곤충이 무엇을 어떤 꽃에게서 모아들일까? 방식은 꽤나 다양하다. 예컨대 나비와 꽃등에는 액체 연료인 꽃꿀에 전적으로 의지해 산다. 그들만의 특화된 흡입 주둥이로는 다른 것을 전혀 먹을 수 없다. 꿀벌은 이 점에서 더 유연하다. 주둥이로 수많은 식물의 꽃꿀을 빨아 먹기도 하고 단백질이 풍부한 꽃가루도 모을 수 있다. 꽃가루는 사실상 벌의 다리에 달라붙는데, 그러면 벌의 다리는 마치 '바지'라도 입은 듯 통통해진다. 예컨대 야생 장미는 벌의 처지에서 보면 꽃가루 기부자다. 반면 라벤더처럼 꿀풀과에 속하는 식물은 꽃꿀을 제공해 준다.

꽃으로서는 곤충들이 어떤 목적으로 찾아오는지는 결코 중요치 않다. 충분한 양의 꽃가루를 암술머리로 운반해 가루받이를 보장해 주는 한, 꽃들은 계속 씀씀이 후한 집주인으로 남을 테니까.

question
34

곤충을 먹여 살리는 꽃 중에서 한 해의 첫째와 꼴찌는 어떤 꽃일까?

독일이라면 둘 다 분명히 헬레보루스일 것이다. 흰색의 크리스마스 장미(*Helleborus niger*)는 품종에 따라 다르지만 11월과 이듬해 1월 사이에 꽃을 피운다. 요즘은 매우 튼튼히 자라 꽃을 피우는 품종들이 개발되어 겨울에도 멋진 꽃이 펴 가장 많은 곤충들을 정원으로 불러들인다. 겨울 날씨가 온화하면 1월 중순부터 사순절 장미(*Helleborus orientalis*)가 처음으로 꽃을 피운다.

기간을 더 늘여 11월과 2월까지 포함하면 곤충에게 먹이를 제공할 수 있을 공급자의 범위는 더욱 넓어진다. 예컨대 가장 늦게 피는 홑꽃 종류인 감국(*Chrysanthemum indicum*)과 참취(*Aster*) 같은 경우 마지막까지 남은 곤충들이 거의 에워싸다시피 한다. 그리고 이른 봄이 되면 크로커스, 갈란투스, 겨울바람꽃, 앵초 군단이 한 해 중

가장 일찍 일어나는 곤충들을 반가이 맞이한다. 이들 곤충은 어쩌면 아직도 잠에 취한 채 자신들에게 주어진 고맙고도 반갑기 그지없는 음식 때문에 눈을 비빌 것이다.

뭐 이런 정도는 사실 특별히 주목할 만한 일이 전혀 아니다. 우리는 겨울철에도 꽃을 보는 것에 이미 익숙해졌기 때문이다. 도대체 왜 곤충들은 아직 이 시점까지도, 혹은 이 시점에 벌써 돌아다니는가? 나는 이것이 가슴이 두근거릴 만큼 무척이나 궁금하다. 예컨대 뒤영벌은 추위도 잘 견뎌 내는 야생벌이다. 어쨌든 그들에게는 두툼한 털이라도 있으니까. 이들은 기온이 조금만 영상으로 올라가도 야외로 나가 한 해의 시작이자 끝인 시점에 여왕벌에게 먹을 것을 갖다 바친다. 먹이가 많아야 여왕벌이 첫째, 겨울을 날 수 있을 뿐 아니라, 둘째, 새해가 되면 빈털터리 상태에서 다시 온전한 군집 하나를 새로 이루어 낼 수 있다. 그래서 매우 늦은 때에 그리고 매우 이른 철에 꽃을 피우는 식물 품종들은 하필이면 뒤영벌을 비롯한 야생벌에게 이상적인 착륙장을 제공해 간식 코너에서 요기를 하도록 해 준다. 예컨대 한 해가 하지에 점점 더 가까울수록 각 시점에 깨어나는 곤충과 꽃들은 서로에 대해 그만큼 더 많이 특화된다. 특정 벌 종류 하나가 야생 난초 한 종류와 완벽하게 공생하는 것을 직접 보고 싶다면 5월까지 일단 기다린 뒤에 사례를 찾아나서야 할 것이다. 이제는 보기 힘든 척박한 초지로 산책을 나가면 그런 광경을 볼 수 있을지도 모른다.

question
35

살아 있는 익충을 우편으로 주문할 수 있을까?

요새는 거의 모든 걸 주문해서 택배로 받는다. 내가 만약 그런 식으로 물건을 구입한다면 딜레마에 빠져 있다고 봐도 된다. 현장 상거래에서 구매할 금액이 줄기 때문인다. 다른 한편으로 나는 특정 물품을 찾아 차가 다니지 못하는 거리에서 헛되이 발품을 파는 일도 무척 잦았다. 그러다 아이스크림 가게를 들러 보상 심리로 알록달록한 새 양말을 구입하기도 했다. 결국 간절히 바라던, 바닥에 푹신한 쿠션이 붙은 소파용 탁자도 새로 산 셔츠에 어울릴 만한 적갈색 스웨터도 사지 못한 채 말이다.

식물의 주문 및 배송이 이미 오래 전부터 일상화된 터라, 꽃 핀 장미조차 완벽하게 집까지 배달되는 것에 나는 늘 경탄한다. 만약 다른 생물이라면 문제가 훨씬 더 까다로워진다. 예를 들면, 아직 수족관을 하나 갖고 있을 때 인터넷으로 물고기를 주문하려고 이리저리 머리를 굴렸다. 하지만 직접 가게에 들러서 골라 가져오듯 건강하고 무탈하게 물고기가 도착할지 자신할 수 없었다. 일을 확실하게 처리하기 위해 결국 나는 시내의 가게로 갔다.

하지만 생물학적 방법으로 식물을 보호하기 위해 익충을 구매하고 싶다면 우편 주문을 할지 말지를 두고 고민할 필요가 전혀 없다. 그런 생물은 예컨대 정원용품센터 같은 곳의 창고에 재고로 준비되어 있지 않기 때문이다. 그곳에서는 대개 주문서를 작성해 익충을 키우는 업체에 보낸다. 그러면 해당 업체는 원칙적으로 풀잠자리 알이나 무당벌레 애벌레 같은 오래 견디는 형태 내지는 현미경을 이용해야 보이는 작은 선형동물을 다치지 않도록 봉지에 담아 주문서상의 주소지로 보내 준다. 이들은 놀라울 정도로 튼튼한데, 이용 설명서대로 식물에 갖다 두면 늦어도 알에서 애벌레 하나가 부화하고 나면 곧장 자신들이 맡은 일을 시작한다.

진짜로 정원이나 온실에 예컨대 검정날개버섯파리나 진딧물이 들이닥쳐 피해가 심각하다면 긴급 대응 부대를 꾸려야 한다. 그건 나도 이해한다. 하지만 그렇게 하는 것은 '즉각적 해결을 원한다'라는 보편화된 기대 태도에 자연스레 부응하는 일처리방식일 뿐이다. 그런 식의 개입은 진짜 비상시를 대비해 잘 보류해 두고, 기본적으로 자연계의 제어 방식을 믿어 보자. 그러면 어느 정도 건강한 정원이라면 아마도 좀 느지막이, 하지만 너무 늦지는 않게 이에 대한 제어 시스템이 작동한다.

Chapter 3.

의혹의 눈초리

Wie kommt die Laus aufs Blatt?

question
36

벌에 쏘였을 때 정말 도움이 되는 처방은 뭘까?

벌을 떠올리면 쏘인다는 생각을 하게 된다. 그런 경우 나는 항상 아몬드와 꿀을 바른 달달한 케이크가 떠오른다. 케이크의 모양을 보면 벌의 부지런함에 대한 고마운 마음이 밀려온다. 평생 벌에게 물린 경험이 단 한 번뿐이기 때문이다. 초등학교에 다닐 때였는데, 맨발로 이웃의 풀밭을 뛰어다니다가 갑자기 따끔거림을 느꼈다. 엄마가 곧장 냉찜질을 해 주셨고, 그 뒤로 오랫동안 그 일을 잊고 살았다. 그 벌은 나를 한 번 쏘고는 침을 잃어버려 죽어버렸음을 알았기에, 오히려 벌이 불쌍하게 느껴졌다. 이걸 생각하면 벌에 쏘이는 것은 내게 언급할 가치도 없는 일이다.

벌의 독성에 알레르기 반응을 보이는 사람이라면 상황은 완전히 달라진다. 그런 사람은 벌이 날아다니는 시기에는 모든 안전

조치를 취해야 할 것이다. 물리지 않으려면 그렇게 해야 한다. 다행히 벌은 자기 벌집만 건드리지 않는다면 그리 공격적이지 않은 편이다. 벌이 다가오면 대개는 가만히 서 있기만 해도 충분히 안전하다. 설령 꽃무늬가 그려진 셔츠를 입고 있거나 장미향을 풍길 수도 있으나, 벌은 두 다리로 걸어 다니는 거대한 존재에게서, 별로 얻어먹을 게 없음을 파악하면 제 갈 길로 날아가 버린다. 공포에 질려 두 손이나 신문지 따위로 허공을 휘젓고 주변을 마구 내려치는 행위로는 벌을 쫓지 못한다. 오히려 벌을 더 신경질적으로 만들 뿐이다. 그런 행동이 심해지면, 벌은 자신이 위협받는다고 여기는 모든 생명체의 근원적 물음, 즉 '한판 붙어, 말아?'에 '한판 붙자'로 대응한다. 이런 상황까지 오면 알레르기가 있는 사람은 응급처치 키트를 갖고 있어야 한다. 안 그랬다가는 벌에 쏘인 것이 치명적 비극을 초래할 수 있다.

그 밖의 경우라면 다음과 같이 대응하면 된다.

- 벌침을 핀셋이나 손톱으로 신속히 제거한다.
- 벌독을 입으로 빨아내는 행동은 하지 않는 것이 좋다. 독이 구강 점막을 통해 체내에 들어갈 수 있기 때문이다.
- 입, 목구멍 또는 목을 쏘이면 알레르기에 기인하지 않은 붓기도 치명적으로 커질 수 있다. 이때는 즉시 의사의 진료를 받아야 한다.
- 어떤 경우든 물린 부위를 냉찜질해 주면 붓기가 심해지지 않는다.
- 벌집 케이크가 주변에 있다면 놀란 마음을 진정시키기 위해 케이크

한 조각을 먹는다.

- 붓기가 2~3일이 지나도 가라앉지 않으면 안전을 위해 의사의 진료를 받는 것이 좋다.

question

37

말벌은 과일과 케이크만 먹는다고?

여름마다 똑같다. 온통 말벌 천지다! 그런데 – 이런 기적이! – 대다수 말벌 종류는 우리를 평화롭게 대한다. 다만 보편적으로 통용되는 경고 색상인 노랑과 검정의 띠가 돌돌 감겨 있는 독일땅벌(*Vespula germanica*)과 점박이땅벌(*Vespula vulgaris*)은 그렇지 않아, 꽤나 유순하다는 평을 듣는 땅벌의 명성을 망쳐 놓는다. 여기서 말하는 불량 땅벌류는 대개 7월 말부터 눈에 띌 정도로 떼를 지어 출현하며, 마치 커피 테이블에 초대라도 받은 것처럼 설친다. 그렇다고 이들이 무작정 달달한 것에 환장하지는 않는다. 그들의 주요 먹이가 동물성인 탓이다. 그들의 먹잇감 목록에 우선적으로 올라 있는 것은 곤충들이며, 인간의 사랑을 받지는 못해도 땅벌들은 애당초 익충의 하나다. 우리가 아끼는 정원 식물들을 애먹이는 벌레들도 사냥하기 때문이다. 그러나 늦여름부터는 이 땅벌들이 과일을 찾고 달콤한 것도 좋아한다. 그러니까 열매가 달리는 대다수 나무들이 이런 먹이를 제공하는 때와 딱 맞아떨어진다. 썩어 가거나 발효하는 열매라면 마법에라도 걸린 듯 특히 더 끌린다.

이들은 여러 가지 다양한 먹을거리를 두루 좋아하므로 실외에서 그릴 파티를 해도 자기들이 초대받은 줄 안다. 그곳에는 땅벌을 설레게 만드는 모든 게 다 있다. 달콤한 음식, 케첩, 고기, 레모네이드…… 그리고 술까지. 벌들은 아페롤 스프리츠나 후고 같은 유행 음료를 유별나게 좋아한다. 벌이나 나비류와 달리 이들은 꽃에서 나오는 꿀 같은 액체를 빨아들이기에 그리 실용적인 입을 갖지 못했다. 그래서 평평한 꽃과 나무껍질에서 흘러나오는 수액이 그들이 열망하는 충격적 단맛을 제공하는 거의 유일한 천연 원천이다.

쉽게 다다를 수 있는 곳에 단백질과 당분에 대한 굶주림을 달래 줄 뷔페가 있음을 발견하면 이들은 곧장 달려든다. 첫 땅벌이 오면 대개는 곧이어 그 집단 전체가 쫓아온다. 겁도 없고 방어력까지 갖춘 곤충들이 한순간에 그곳을 점령해 버리는 것이다. 그럼 어떻게 해야 할까? 벌침에 쏘여 굳이 고통당할 필요는 없다. 게다가 이들은 침을 반복해서 쏠 수 있다. 침이 아주 매끄러워서 사람 피부에서 쉽게 빼낼 수 있기 때문이다.

이쯤에서 나는 나눠 갖기를 권한다.

야외 식탁에 땅벌들이 날아들면 접시 하나에 여러 가지 먹을 것이나 남은 음식을 담아 약간 떨어진 곳에 놔둔다. 땅벌은 영리해서 사람이 아직 손대지 않은 접시 쪽으로 달려든다. 그들은 애당초 아무런 스트레스도 무릅쓰려 하지 않기 때문이다. 우리가 치르는 대가는 참으로 미미하다. 땅벌 떼 전체라 하더라도 먹는 양은 그럴 파티에 참석한 손님 한 사람이 먹는 양보다 적으니까. 그러니 그런 일에 굳이 흥분할 필요가 없지 않나? 그리고 벌을 죽이는 일은 어차피 야만적 행위다. 한때 유리로 만든 땅벌 잡이 기구를 사용한 적이 있다. 기구 안에는 땅벌을 유인할 시럽이 발라져 있었다. 벌은 병 모양으로 생긴 기구 밑바닥을 통해 안으로 기어들어 갔으나 나오는 길은 발견하지 못했다. 자연스런 비행 경로인 위쪽은 장식 달린 유리 마개로 막혀 있었다. 흥겨운 여름밤을 보낸 다음 날 아침, 나는 20~30마리의 땅벌이 그 안에서 죽어 있는 것을 발견하곤 했다. 몇 번 사용한 뒤 스스로 그 짓이 아주 불쾌했고 잔혹한 행위가 부끄러웠다. 땅벌 잡이 기구는 곧장 빈병 수거함으로 들어갔다.

question

38

집게벌레는 익충일까 해충일까?

어떤 음악 취향을 가졌느냐에 따라 귀에 맴도는 멜로디(Ohrwurm)는 해악일 수도 있고 오늘 하루의 유쾌한 동반자일 수도 있…… 이런…… 아니야, 엉뚱한 길로 들어왔나 봐!

집게벌레(Ohrwürmer, 귀벌레)는 날 줄 모르는 날벌레로, 정원에서 사방으로 기어 다니며 귀꼬집이(Ohrenkneifer)라는 이름으로도 불린다. 바로 여기서 첫 번째 오해가 생긴다. 예컨대 정원에 꽤나 널리 퍼져 있는 양집게벌레(*Forficula auricularia*)라는 종이 민간요법에서 귀벌레라는 이름으로 불리기 때문이다. 이 벌레를 말려 가루로 만든 것을 우리 조상들은 귓병을 치료할 때, 그리고 심지어 귀가 먹었을 때에도 사용했다. 근대에 들어서 양집게벌레를 이용한 치료법은 구식이 되어 버렸지만 이름만은 그대로 가져가 버렸다. 귀꼬집이라는 말은, 잠자는 사람의 귓속으로 이 벌레가 기어들어가 제 몸 끝에 달린 집게발로 심하게 꼬집는다는 공포의 판타지에 장악되어 버렸다. 누군지 모르지만 이런 무시무시한 이야기를 세상에 내 놓은 보모를 붙잡기만 하면, 내가 아주 그냥……. 세상 그 어느 귀꼬집이도 그런 짓을 할 까닭이 없을 테니 말이다.

하지만 귀꼬집이에 대한 전설은 그것으로 끝나지 않았다. 옛날의 정원 관련 책자, 그러니까 1960년대에 나온 책들에서 나는 귀꼬집이가 식물을 갉아 먹으니 박멸해야 한다는 내용을 종종 읽곤 했다. 어느 정도는 사실이다. 꽃 같은 식물의 부드러운 부분이나 흠집 난 과일을 이 벌레가 먹을 수 있고 실제로도 그렇게 하기 때문이다. 실제로 관찰한 결과에 따르면 이 벌레는 유독 건조한 해에 식물성 먹이를 섭취하는데, 아마도 수분을 충당하기 위해서일 것이다. 하지만 보통은 그 피해가 미미해서 대개 달리아 꽃잎이나 상추 이파리 두어 장이 손상되는 정도다.

이 귀꼬집이는 완전히 다른 행동을 하기도 한다. 이 벌레가 인간이랑 아주 똑같이 잡식성이기 때문이다. 예컨대 진딧물이나 사과벌레(코들링 나방, 사과 나방)의 알도 맛나게 먹어 치운다. 이파리에 허옇게 곰팡이가 내려앉아 있어도 아랑곳 않는다. 이렇게 이 벌레는 우리가 기꺼이 '진딧물 박멸'이라는 기치하에 파병하는 군단에 힘을 보탠다.

하지만 귀꼬집이가 너무 많아지면, 즉 대량으로 출현하면 달리아 꽃 한 송이나 썩은 사과 한 개 이상 해치우는 건 일도 아니다. 그때는 그냥 이주시키면 된다. 그들에게 급히 호텔을 하나 지어 주는 것이다. 흙으로 만든 화분 하나면 충분하다. 고운 식물 찌꺼기 말린 것이나 대팻밥 같은 것을 화분에 채워 넣는다. 이 쿠션을 화분 속에 끈으로 고정시킨 뒤 화분 전체를 뒤집는다. 이걸 과일나무에 걸어 두거나 텃밭 근처 구석진 곳에 두면 집게벌레는 하룻밤 푹 잘 수 있는 훌륭한 숙소로 여긴다. 이들은 빛을 별로 달가워하지 않기 때문이다. 모든 손님이 다 체크인했다 싶으면 그 작은 호텔을 다른 데로 옮겨 비우면 된다. 벌레에게 해가 되지 않는 곳, 정원 가꾸는 다른 이들이 깜짝 놀랄 필요가 없는 곳으로 말이다. 풀밭 같은 곳이면 좋을 것이다.

귀꼬집이를 익충으로 여겨 머물게 하려 한다면, 점토 화분으로 만든 집도 그들을 꼬드겨 편안하게 살게 하기에 충분하다. 그러면 '귀벌레 주막'이 그냥 몇 주간 그곳에 서 있는 셈이다.

question
39

거미들은 왜 유독 가을부터 대규모로 나타날까?

다리가 여덟 개 달린 거미는 사실 그리 산뜻한 외모를 가졌다고 할 수 없다. 거미는 곤충이 아니다. 거미로 인해 동물 분류 체계상에 온전한 하나의 목(目)이 생겼고, 그 상위에 거미강(*Arachnida*)이 있다. 모두 거미로 인해 이름을 얻은 분류 집단이다. 비슷한 부류로 진드기, 참진드기, 전갈이 있는데 하필이면 이들도 하나같이 정이 가는 동물 목록에 올라 있지 않다. 곤충과 달리 거미는 눈도 겹눈이 아닌 홑눈이며 그 수는 대개 여덟 개다. 이들은 육식성인데, 먹이를 잡아먹는 방식은 '세련된 영국식'과는 거리가 멀다. 거미는 몸이 마비된 먹잇감에게 침을 찔러 소화액을 몸속에 주입한다. 그러면 먹잇감의 몸속에서 미리 소화가 진행된다. 그리하여 때가 무르익으면 거미는 먹잇감의 체액을 빨아 먹는다. 외계의 괴물을 창조해 내는 상상력 최강의 작가조차 이보다 더 유별난 먹이 섭취 방식을 고안하기는 힘들 듯하다.

게다가 거미는 함정을 잘 만드는 음흉한 존재로 통한다. 거미 대다수는 그물처럼 거미줄을 쳐놓는데, 멋진 나비나 부지런한 벌들이 거기에 붙잡혀 거의 도망가지 못하기 때문이다. 하지만 이런 이야기는 모두 '나쁜' 동물에 대한 묘사다. 그렇지 않은가?

자, 이제 다시 한 번 평가의 함정 속으로 더듬더듬 들어가 보자. 세상에 나쁜 동물이란 존재하지 않으니 말이다. 거미는 제 외모를 위해서는 아무것도 할 수 없으며, 진화 과정에서 자기에게 적당한 것으로 주어진 것을 먹고 살 뿐이다. 다른 모든 육식 동물과 마찬가지로 거미도 그냥 두면 통제할 수 없을 정도로 늘어날 다른 동물의 개체 수를 통제하며, 정원을 가꾸는 우리에게 도움을 주는 종만 잡는 것은 아니다. 혐오를 거두면, 거미는 말할 수 없이 매력적인 존재로 탈바꿈할 것이다.

이 그물 디자이너가 만든 그물을 살펴보면 이 매력이 가장 두드러지게 드러난다. 이들이 그물을 얼마나 멋지게, 또 얼마나 빨리 짜는지는 믿을 수 없을 정도다. 더 놀라운 것은, 그물을 구성하는 거미줄 자체의 강인함이다. 첨단 기술 업계는 이 거미줄을 베끼려고 시도하고 있다. 그 어떤 섬유사도 거미줄만큼 튼튼하지 않기 때문이다. 거미줄이 얼마나 튼튼한지는 특히 가을철이 되면 잘 드러난다. 가을은 새로운 영역을 구하는 수많은 종류의 거미들이 새 세대를 키워 내는 철이기 때문이다. 거미는 날지 못하는 대신, 그저 기다란 거미줄을 뽑아내는 것이다. 그 거미줄에 매달린 채 거미는 온화한 가을바람에 몸을 실어 세상사를 종횡무진 하며 집을 만든다. 거미줄을 보면 나이 지긋한 귀부인의 고운 은발이 떠오른다. 그래서 이 거미줄로 인해 민간에서는 한 해의 어느 시기를 일컫는 이름이 생겨나기도 했으니, 할망구들의 여름(가을 중 여름처럼 날씨가 좋은 시기를 지칭한다_역자)이 그것이다. 그런 계절이 되면 새끼 거미들이 엄청나게 많아진다. 그래서 온통 거미 천지라는 생각마저 든다.

늦어도 가을이면 바람에 실려 몇몇 거미들이 우리가 사는 집 안으로 들어오는 일도 있다. 거미는 대개 그런 상황에서 느긋하게 거미줄로 집을 하나 지어 먹이를 확보하려 한다. 천장 모서리를 청소하지 않는 게으름을 나는 거미 탓으로 돌리기도 한다. 올해 마지막으로 설치는 날벌레를 저 거미들이 잡아줄 테니 이제 파리나 모기로 인해 성가실 일은 없다는 논거로 내 게으름을 정당화하는 것이다. 물론 그런 파리나 모기의 수가 얼마나 되는지는 한 번도 헤아려 보지 않았다. 하지만 대체로 봄철 대청소를 할 때에야(이건 나도 한다) 비로소 집안의 거미들을 과일잼 병 택시에 태워 다시 집 바깥으로 실어 나른다.

question

40

벌레 든 사과는 버려야 할까?

하노버보다 훨씬 더 훌륭한 표준 독어를 구사한다고들 하는 힐데스하임이 고향인 어머니는, 당신 눈에 미심쩍어 보이는 때 이른 성공에 대해 항상 '처음 딴 사과는 벌레가 있는 법'이라고 말씀하셨다. 나는 비록 베스트팔렌의 농촌 지역에서 자랐음에도 사과는 시장에서 흠 없는 1등급 상품을 사 먹었기 때문에 어머니의 말씀을 거의 이해하지 못했다. 우리 정원에는 사과나무가 없었던 것이다.

'벌레 먹은' 사과를 의식적으로 처음 만난 것은 친환경 과일이 상점에 들어왔을 때였다. 정원의 사과나무 한 그루를 내 것이라 부를 수 있기까지는 아직 한참 더 시간이 흘러야 했기 때문이다. 그리고 관심이 많았던 나는 대번에 사과 속 벌레란 땅속의 지렁이 같은 것이 아니라 '사과 벌레(코들링 나방)'라는 이름의 작은 나비류의 애벌레임을 알아냈다.

이 애벌레는 익어 가는 과일 속으로 파고든다. 애벌레로 부화하기 전 상태인 알은 어미 나방이 미리 나뭇잎 위나 사과에 닿을 만한 거리에 낳아 두었다. 코들링 나방 애벌레의 1세대는 정말 눈에 거의 띄지 않는다. 열매가 아직 익지 않은 시점에 번데기로 탈바꿈하며 그중 다수는 어차피 개체 수가 너무 많다 보니 나무에서 떨어져 나간다. 반면에 여름에 성장하는 나방에게서 나온 애벌레들은 과일이 다 여물기 직전에 그 속으로 들어가는 길을 발견한다. 과일 속 통로는 애벌레의 똥으로 채워지고, 이 똥은 새로 딴 사과의 과육 속으로 스며든다. 좀 역겹다고? 하지만 그 통로라는 게 아주 좁아서 주변을 넉넉히 도려내면 대개는 맛도 훌륭하

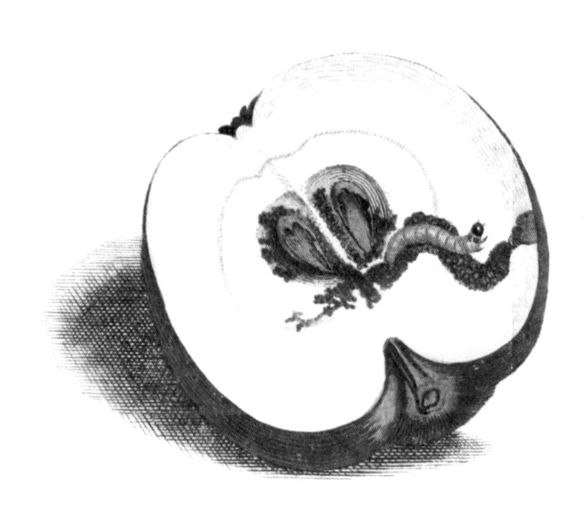

고 먹는 데 전혀 지장 없는 과육을 꽤 많이 얻을 수 있다. 하지만 벌레 구멍이 난 사과를 저장해서는 안 된다. 사과 소스는 한 해 거둬들인 수확물 전부를 사과 벌레 때문에 망쳐 버린 누군가가 발견했는지도 모를 일이다.

안타깝게도 사과 벌레가 가져다 주는 피해가 상당할 수 있다. 이는 초여름의 첫 '낙과'까지 꾸준히 모으는 것으로 어느 정도 충당할 수 있다. 그러고 나면 이제 우리 친구인 귀벌레들도 등장해 사과 벌레 애벌레에게 흔쾌히 달려든다. '귀벌레 주막'은 이런 상황에서 아주 이상적인 방법이며, 원한다면 동네 전체 나무에 이 벌레를 풀어놓을 수도 있다.

아무튼 사과 바구니 속에 벌레 먹은 흔적이나 심지어 벌레 든 과일 몇 개가 눈에 띈다면, 그 나무가 화학 약품 세례를 받지 않았다고 믿어도 좋다.

question
41

말벌에 쏘이면 죽을 수 있다는데 정말일까?

공포물 수준의 초대형 보도가 날마다 쏟아져 나오는 이 시대에 우리 어린 시절의 놀랍기 그지없는 이야기들을 떠올리는 것은 감동적인 일에 가깝다. 그렇지 않은가? 휴대 전화도, 별의별 이야기가 다 실리는 언론 매체도 없었던 1960~1970년대에 우리의 민감한 정서를 자극하는 것은 그런 것과는 성질이 다른 일화들이었다. 말하자면 대체로 그런 이야깃거리란 능력을 인정받은 사람들, 예컨대 학교 선생님이나 화장품 등 화학 제품 판매원들이 널리 퍼트리는 지혜였다. 아무도 짜릿한 이야기를 해 주지 않으면, 가장 좋은 친구들이 그런 역할을 했다.

하지만 그런 이야기는 친구들도 어디에선가 얻어들었을 것이다. 보통은 출처가 불분명할수록 전달자가 하는 말의 진실성이 더 강력하게 옹호되는 법이다. 언제부터인가 영원불멸의 진리라 여기던 인생 좌우명도 그런 식으로 생겨난 게 아닌가 싶다. 예컨대 농부의 지혜와 달력 따위에 적힌 그럴싸한 글귀의 짬뽕 같은 것 말이다. 어쩌면 그 속에는 아주 콩알만 한 진리가 들어 있는지도 모른다. 하지만 그마저도 기억조차 아득한 오래전의 초코 아이스바 속에 든 초코 크림만큼이나 확실치 않다.

내가 말하고자 하는 이는 학창 시절 친구인 칼레 디더리히다. 그는 독일에 곤충이 하나 있는데, 침을 일곱 번만 쏘면 말 한 마리도 죽인다고 말했다. 그리고 사람을 죽이는 데에는 세 번만 쏘면 충분하다고도 했다. 그는 이 무시무시한 벌레의 이름도 알았다. 바로 '말벌'이었다. 이놈은 덩치가 엄청나게 큰 땅벌인데 녀석들을 자극하지 않도록 무척 조심해야 한다는 것이었다.

아이고 무서워라. 어느 해 여름이었다. 당시 나는 땅벌의 크기가 얼마나 되는지를 알아보려고 땅벌마다 하나하나 크기를 자세히 살펴보고 있었다. 그러나 그 벌들 중에는 눈에 띌 정도로 몸집이 큰 것은 없었다. 어쨌든 진짜 말벌(*Vespa crabro*)은 어린 시절 내내 한 마리도 보지 못했다. 눈가리개라도 한듯이 내 눈에 그 벌이 띄지 않았을 수도 있고, 당시 우리 고향 동네에 살지 않았을 수도 있다.

하지만 쏘이면 죽는다는 이 벌레에 대한 이야기에서 나는 벗어나지 못했다. 그리고 나중에 알게 된 사실이지만, 말벌은 (특히 자기 먹잇감에게) 공포감을 불러일으키며, 서유럽에서 가장 큰 땅벌 종류였다. 내가 들은 대로라면 쏘이면 아프기는 하지만, 무시무시한 소문과 달리 이 벌들은 그리 공격적이지 않다. 자신이나 벌집이 위협을 받을 경우에만 분노한다. 벌침의 독은 그 전설 같은 이야기처럼 치명적이지도 않다. 그리고 알레르기가 없는 사람이 말벌에 서너 번 쏘여서 죽었다는 증거는 어디에도 없다. 300방 정도면 어쩌면 죽기에 충분할지도 모르겠다. 하지만 그런 벌은 훨씬 더 강한 독성을 지닌 벌 종류, 예컨대 아시아의 열대 지역에 사는 좀줄무늬말벌(*Vespa affinis*) 같은 것이어야 하고, 우리가 그곳에 있을 때 이야기다. 꿀벌의 독성조차도 말벌의 그것보다 더 강하다.

그러므로 살인 괴물이라는 말벌은 실은 천년만년 같이 살아도 괜찮은, 충분히 무해한 우리 동료다. 한마디 덧붙이면 식물에 해를 가하는 벌레들을 몰아내야 할 경우에 말벌은 아주 훌륭한 조력자다.

question

42

땅벌집이나 말벌집을 다른 데로 옮길 수 있을까?

말벌집은 종이 같은 재료를 사용해서 만든 진짜 예술 작품이다. 이 벌집이 우리 눈에 처음으로 띄는 것은 대개 말벌 족속들이 둥지 속에 정착하고 난 뒤다. 그러고 나면 손쓰기에는 너무 늦다. 이들 말벌에 쏘이지 않으려고 이 세상의 온갖 안전 조치를 다 취한다 할지라도 쉽지 않다. 말벌은 보호 대상이어서 위해를 가하거나 죽이는 사람은 주머니를 탈탈 털어야 한다. 최대 5만 유로까지 벌금을 내야 하니까. 다른 곳으로 옮겨 살게 하는 것도, 설사 초강력 접착제를 사용해 둥지를 새로 갖다 붙일 수 있다 하더라도 가능하지 않다.

식구 중에 알레르기가 있거나 그와 비슷한 심각한 이유로 말벌을 제거해야 한다면 반드시 옥내 해충 박멸 전문가와 상담해야 한다. 이들은 해당 벌레를 법적인 문제없이 처리하는 법을 잘 알고 있다.

정원에 있는 말벌 둥지를 다루는 건 분명 만만치 않다. 이들 둥지는 대개 나무나 정원 시설물 모퉁이에 매달려 있다. 이런 경우라면 말벌집을 다루기가 쉽다. 접근 금지 띠를 둘러 치고 너무 가까이 다가가지 않도록 주의하면 되니까. 이 말벌 둥지가 창 위쪽에 설치된 옥외 블라인드 케이스나 발코니 모퉁이에 붙어 있으면 아마 좀 더 오싹한 기분이 들 것이다. 말벌집이 너무 가까운 곳에 있지 않나 싶을 테니까.

하지만 똑똑히 보자. 말벌은 침을 가졌지만 비교적 평화적인 곤충이다. 누가 벌집을 위협하는 경우에만 공격한다. 그러니 말벌이 있는 곳에서 조용하고 느긋하게 행동하되 갑작스럽고 강한 몸 움직임은 피해야 하며, 벌 한 마리를 향해 또는 벌집 속으로 훅 바람을 불어넣는 일은 절대 해서는 안 된다. 그리고 그 격납고를 향한 말벌의 비행 경로를 막지 말아야 한다. 그냥 날아다니게 놔두자. 이걸 우리 스스로 속도를 좀 줄이는 계기로 삼는다면 어쩌면 아주 좋을 수도 있다. 또 말벌집이 창 근처에 있다 하더라도 방충망 하나면 집 안으로 들어온 말벌 한 마리에 어쩔 줄 몰라 하는 일은 막을 수 있다. 여름철이 지나면 말벌은 둥지를 떠난다. 말벌 왕국의 노동자들은 저세상으로 떠나고 여왕벌만 홀로 겨울을 나는 것이다. 뒤영벌 여왕벌과 비슷하다. 이제 말벌 둥지를 제거할 때다. 이때가 되면 이듬해 봄에 말벌 둥지를 짓기에 맞춤한 곳들, 그러나 말벌과 인간의 공생에는 별로 좋지 않은 곳을 예방 차원에서라도 매력 없어 보이게 만들 필요가 있다. 때로는 바람이 들이치지 않는 구석에 딸랑딸랑 소리를 내는 풍경 같은 것을 장식 삼아 달아 놓는 것만으로도 충분하다.

question 43

정원에 까마귀나 까치가 둥지를 틀었다고 찝찝해 할 필요가 있을까?

우리 또래라면 누구나 앨프리드 히치콕 감독의 영화 〈새〉를 알고 있을 가능성이 크다. 그래서 나뭇잎이 하나도 달려있지 않은 철에 까마귀들이 떼거지로 모여들면 그 영화의 몇몇 장면이 떠오르는 사람도 틀림없이 있을 것이다. 거기서 봄이 되면 까마귀들이 둥지를 짓는 것을 볼 수 있다. 안 그래도 머릿수 바글바글한 새떼가 더 커진다고 상상하면 왠지 기분이 오싹해진다. 어쨌거나 까마귀는 맹금류이며 꽤나 방어 능력도 있으니 말이다.

초여름이 될 때까지 까마귀들은 알을 까느라 바쁘다. 그래서 우리는 그들의 존재를 대체로 잘 알아채지 못한다. 새끼들이 처음으로 우리 눈에 띄는 때도 마찬가지로 사냥에 나선 뒤, 그러니까 대개 여름이 한창일 때다. 박새, 대륙검은지빠귀 또는 유럽울

새 같은 조류의 수많은 새끼들은 아직 날지 못해 둥지에 있을 때이니, 이들에게 어떤 운명이 들이닥쳤는지는 자명하다. 알과 새끼 새들은 까마귀가 좋아하는 먹이다. 하지만 까마귀들은 애당초 먹을 만한 것은 다 먹어 치운다.

이런 맹금이 출현할 수 있었던 것은 조류치고 탁월한 지능과 연관되어 있다. 까마귀와 까치를 포함하는 까마귓과의 모든 새는 학습 능력이 극도로 뛰어나다. 이들이 오명을 갖게 된 것은 적응 능력이 무척 뛰어난 데다 동물 사체를 먹는 특징 때문이다. 까마귀는 누군가의 죽음을 기다리는 새로 통한다. 독수리류처럼 목표로 삼은 희생물이 약점을 보이거나 스스로 죽을 때까지 끈질기게 기다릴 줄 아는 새라는 말이다. 그렇지만 솔직하게 말해 보자. 동물의 세계에 이런 통제자 역할을 하는 존재가 없다면 어떻게 될까? 박새의 숫자가 넘쳐나면 어떻게 하나? 그들이 싼 똥은 또 누가 치우나? 까마귀는 인간에게 아무런 위협이 되지 않는다. 그냥 까마귀일 뿐이다. 좋아해도 되지만 꼭 그래야 할 필요까진 없다. 하지만 존중할 수는 있어야 하리라.

question
44

정원에 곤충에게 해로운 식물이 있을까?

이렇게 되물어 보자. "속임 당하는 것은 위험한가?" 예컨대 식사 자리에 초대받았는데 접시는 비어 있고 배가 고프다면 어떨까? 우리에게 해로울 건 없다. 실망은 할 수 있지만 옆 가게로 간 뒤 초코바와 땅콩을 넉넉하게 사서 허기를 때우면 그만이다. 한밤중이라 가게 문은 닫혀 있고 냉장고에 남은 게 하나도 없다고? 그럴 때에는 그냥 아침 일찍 빵집이 문을 열 때까지 기다리면 된다. 전혀 문제없다.

하지만 정원에 사는 벌레들이 배고프다면 상황은 달라진다. 그들은 가게도 빵집도 모른다. 오로지 우리가 골라 심은 것에 매달릴 뿐이다. 우리가 곤충의 욕구를 오랫동안 도외시한 탓에, 꽃가루와 꽃꿀을 먹는 존재들의 허기를 달래 줄 식물이 정원에 넉넉히 있는 경우는 우연의 일치라 할 만하다. 특히 겹꽃 식물이 문제인데, 색상과 향기로 굶주린 곤충들을 꼬드겨 불러들이기 때문이다. 하지만 그렇게 초대받아도 막상 가서 보면 먹을 게 없다. 광고가 거짓이었던 것이다. 꽃꿀 드링크, 꽃가루 버거가 있어야 할 자리에 꽃잎만 빽빽이 들어차 있는 것이다. 하지만 어디에선가는 뭔가를 찾을 수 있어야만 하는데……. 수많은 곤충들은 감춰진 식량 창고를 한동안 찾아 헤매다 마침내 지쳐서는 모든 수고가 헛된 짓임을 확인한다. 빽빽하게 속이 찬 국화과 식물, 예컨대 해바라기나 달리아, 데이지 등은 장미와 같은 불발탄이다. 이 꽃들은 꽃잎 앞에 수술이 없다. 그리고 그런 식물이 정원에 많을수록 곤충이 정말 배불리 먹을 가능성은 더 희박하다. 꽃꿀을 먹는 벌레도, 그 벌레를 잡아먹는 곤충도, 그 곤충을 잡아먹는 새도 사라진다. 그렇게 먹이사슬은 계속 이어진다.

이런 사실을 뚜렷이 알게 되자 나는 신앙에 새로 입문한 사람처럼 150% 과잉 몰입하는 짓은 하지 않기로 했다. 그렇다고 속이 꽉 찬 장미와 카네이션에 대한 각별한 애호를 그냥 싹 포기할 수는 없는 일이다. 어쨌든 속이 별로 빽빽하지 않거나 전혀 안 찬 장미 종류, 그리고 달리아와 해바라기의 야생종도 꽤나 내 마음에 흡족하고, 속이 꽉 찬 겹꽃 튤립은 없어도 괜찮으며 속이 꽉 찬 겹백합은 어차피 꼴불견이다.

게다가 나는 스스로, 곤충에게 베푸는 게 하나도 없는 장미나 카네이션 하나마다 식물 세 가지씩, 다시 말해 곤충에게 먹을 것을 제공할 뿐 아니라 꽃도 앞서 언급한 식물만큼이나 오랫동안

피는 식물을 세 배로 심기로 처방을 내렸다. 그런 식물 중 특히 마음에 드는 것은 가우라(*Gaura lindheimeri*), 체꽃(*Scabiosa*), 크나우티아(*Knautia*), 마편초(*Verbena*) 또는 헬리오트로프(*Heliotropium*)이다. 이 처방으로 말미암아 다락방 테라스에 있는 화분 수가 또다시 늘었지만, 의외로 이 일에 대해서는 전혀 양심의 가책이 들지 않았다. 테라스가 그 정도 하중은 견디는 데다, 식물 사이에 아늑하게 앉을 수만 있다면 모든 게 좋기 때문이다.

question
45

두꺼비가 찾아오면 웃어야 하나 울어야 하나?

웃어야 한다. 무조건! 지렁이, 달팽이, 등각, 거미 또는 다른 그 어떤 곤충도 이 글을 읽지 못한다고 나는 생각한다. 이들 곤충 집단을 대표하는 벌레에게 두꺼비 한 마리의 존재란 울어야 할, 아니 줄행랑을 놓아야 할 이유이기 때문이다.

두꺼비는 그리 호감 가는 존재가 아니기는 하다. 하지만 그건 너무 부당하다. 두꺼비는 앞서 언급한 다양한 먹잇감이 아니라면 아무에게도 해를 입히지 않기 때문이다. 두꺼비와 가까운 개구리는 아직도 물장구치는 만담가 비슷한 존재로 통하는 데다. 동화 속에서는 왕자님과의 결혼이라는 꿈을 성사시킬 수도 있다. 하지만 이와 달리 두꺼비는 현재 통용되는 여러 이야기 속에서는 안타깝게도 왕자도 신발도 없는 신데렐라조차 되지 못하며, 기껏해야 마녀에게 조언하는 존재이거나 심지어 정체불명의 음료에 들어가는 첨가물일 뿐이다.

늘 그랬던 건 아니다. 개구리보다 땅과 더 인연이 깊어서인지 고대에는 두더지를 흔히 대지의 여신 가이아 또는 다른 땅의 여신 내지는 어머니 신과 결부시켰고, 이들 여신이 두꺼비(독일에서는 이 두꺼비를 가리키는 이름으로 이따금 '잇체'나 '웅케'라는 말도 쓰인다)의 입을 통해 지혜의 말씀을 전한다고 여겼다. 그러나 이런 상징성 외에 두꺼비에게는 악마와 동맹을 맺어 외모가 그토록 고약하다는 중세 기독교적 관념도 씌어져 있다.

우리 인간이 이렇게 표면적일 수 있다는 건 언제나 놀랍기 그지 없다.

사실은 두꺼비도 비교적 '착해' 보이는 고슴도치나 청둥오리랑 마찬가지로 달팽이를 아주 효율적으로 제거해 주는 존재다. 게다가 두꺼비가 나타나는 곳은 대개 생태적으로 인간의 손때가 거의 묻지 않은 곳이다. 그러니 길을 잃고 헤매다 지하실로 가는 계단 구석에 있는 두꺼비를 보면 곧장 "이이이히." 하고 소리를 지를 게 아니라 구해 주어야 한다. 그 밤은 물론이고 심지어 겨울까지 보낼 수 있도록 낙엽 더미를 몇 개 만들어 주면 더 큰 도움이 된다.

question 46

도마뱀은 물 수 있을까?

정원을 들락거리는 도마뱀은 당연히 문다. 하지만 녀석들이 혀를 날름거리는 까닭은 인간을 향해서가 아니라 먹잇감인 곤충, 벌레, 딱정벌레 또는 거미류를 잡아먹기 위해서다. 우리가 도마뱀에게 다가가면 녀석들은 대개 도망간다. 덩치 큰 동물과 마주쳤을 때 쓰라린 맛을 본 경험이 많은 탓이다. 여우든 꿩이든 덩치 큰 놈은 죄다 도마뱀을 맛난 먹잇감으로 여긴다.

하지만 테라리엄 속에 있는 좀 더 커다란 도마뱀, 더 정확히는 사막 도마뱀을 관찰해 보면 이상한 현상이 드러난다. 잘 알다시피 변온 동물인 도마뱀은 위기 상황에 처해 체온이 특정 활동 온도에 이르면 날 수 있다. 하지만 몸이 충분히 덥혀지지 않아 굼뜬 상태일 때 이들은 문다. 이는 그리 놀랍지 않다. 그들도 어떻게든 자기 방어를 해야 하니까. 그런데 여기서 흥미로운 점은, 체온이 올라 신체 기능이 정상일 때이든 저체온 상태일 때이든 턱뼈는 똑같은 강도의 힘으로 깨물 수 있다는 사실이다. 턱 근육은 팔다리보다 더 빨리 혈액 순환이 일어나는 것 같다. 그래서 대번에 힘이 넘치는 상태가 되는 것이다. 이런 도마뱀류의 비상시 대책을 보여주는 놀라운 사례라 하지 않을 수 없는데, 이는 다 진화가 '머리를 굴린 결과'다.

정원에 있는 모래장지뱀이 몸이 뻣뻣해져서 움직일 수 없으면 같은 상황이 벌어질까? 아직 직접 시험해 보지는 않았지만, 그들을 그냥 관찰만 하는 것으로도 늘 너무나 즐거웠다. 나의 정원 여러 곳 중 한 곳에 자그마한 창고가 있고 그 옆에는 정원에서 캐낸 돌을 쌓아 둔 돌무더기가 하나 있다. 이곳에 도마뱀들이 모여 따뜻한 돌멩이 위에서 햇살로 몸을 덥히는 것을 보고 깜짝 놀랐다. 이 도마뱀들은 희귀종에다 멸종 위기 동물로 간주된다. 이들에게

생존의 기회를 제공하는 데에는 그냥 돌멩이 몇 개나 조용한 정원 마당 곁의 갈라진 틈새가 많은 마른 담장 하나면 충분하다. 도마뱀에게 오로지 스위트홈을 제공하려면 정원을 설계할 때 그런 틈새 있는 시설물을 계획해야만 할 것이다. 곳곳에 돌과 자갈을 많이 활용한 자그마한 정원을 만들어 거기에 맞는 식물을 심으면 이 돌들은 마치 죽어 보이지만 실은 그 속에 얼마나 많은 생명이 숨어 살고 있는지를 알려준다. 도마뱀 역시 그 돌 사이에 몸을 숨기고 있다.

question

47

정원에 독사가 들어오면 큰일인데

뱀도 인간의 선입견으로 인해 호감을 사지 못하는 동물 중 하나다. 뱀은 흔히 악마가 변신한 것으로 정체가 밝혀지는 경우가 많다. 여러 종교에서는 뱀이 낙원에서 최초의 사람을 꼬드겨 신의 뜻에 맞서게 했으며, 결과적으로 인간의 에덴동산 저편에서의 삶을 꼬이게 만들었다고 말한다. 인류와 뱀의 역사 속으로 더 깊이 파고들면 이런 널리 알려진 기독교 신화와 대립되는 전혀 다른 관념들도 있음을 확인할 수 있다. 뱀은 두꺼비 이상으로 대지의 신성이나 모신(母神) 관념과 결부되어 있으며, 다수의 고대 문화권에서는 현명한 존재, 심지어 행운을 가져다주는 존재로 통했다. 다만 거대한 뱀은 틀림없는 괴물이었다. 여기서 내가 염두에 둔 것은 켈트족 신화에 나오는 미드가르드뱀인데, 이 뱀은 한 번

풀려나면 한 입에 세상을 집어삼킬 수 있단다. 당연한 말이지만 독사 또한 실제로 위험하니 주의해야만 한다.

뱀이 하는 일이 뭔지를 한번 냉정하게 생각해 보면, 사실 쓸모 있는 존재임이 분명해진다. 뱀의 식단에는 일차적으로 작은 설치류, 그러니까 인간이 저장해 둔 식량을 수백 년 동안 갉아 먹어 온 쥐 종류가 올라 있기 때문이다. 다만 안타깝게도 고양이처럼 복슬복슬하지 않은 탓인지 뱀은 꾸준히 한집 식구로 제대로 대접받는 단계로는 나아가지 못했다. 아마 독사와 독 없는 뱀을 구분하기가 참으로 어려워서 그랬지 않을까 싶다.

독을 지닌 동물의 대다수가 사는 대륙은 호주이며, 가장 강력한 독사는 호주(내륙타이팬, 이스턴브라운스네이크, 해안타이팬), 중국(은환사) 아니면 인도(가시북살무사)에 산다.

이곳 독일 땅에는 실제로 독이 있는 뱀이 두 종류뿐인데, 북살모사, 그리고 이보다 훨씬 더 드물게 나타나는 바이퍼라 애스피스다. 두 뱀의 독성은 그리 강하지 않다. 성인이 물리면 마비 현상은 나타나도 죽음에 이르는 경우는 거의 없다. 그럼에도 두 뱀 중 하나에게 물렸다면 의사의 진찰을 받는 것이 중요하다. 그런 일이 일어날 확률은 로또에서 1등에 당첨되는 것과 같을 테지만. 아니, 그보다 확률이 더 낮을지 모른다. 로또는 어쨌든 몇 주에 한 번씩이라도 운수대통한 사람을 만들어 내지만, 독일에서 뱀에 물리는 일은 정말 무척 드물기 때문이다. 이는 뱀 자체가 크게 줄어들어 나타나는 현상이다.

앞에서 언급한 독사류는 대개 산속의 숲 근처에 살고 있다. 이들이 정원을 특히 즐겨 찾아온다고 알려져 있지는 않다. 다만 숲 가장자리에 붙어 있는 정원이라면 독일의 중산간지역에서는 문제가 될 수 있다. 만약 정원에 뱀이 출몰한다면 그 뱀은 무해한 풀뱀이거나 그저 뱀처럼 보일 뿐 독 없는 도마뱀 종류, 이를테면 유럽무족도마뱀일 가능성이 무척 크다. 이 도마뱀은 종의 진화 과정에서 다리를 잃어 버렸다. 하나님에게 흙 속을 기어 다니라는 저주를 받은 후 다리 없이 살게 된, 낙원의 나무를 휘감던 성경 속 뱀 모델이 이 도마뱀이지는 않았을까? 뭐, 나는 거기에 대해서는 좀 회의적이지만.

question 48

파리는 도무지 쓸모없는 벌레일까?

전혀 쓸 데 없다는 평을 듣는 동물이 몇 있다. 모기나 진드기 아니면 파리 같은 거다. 우리 인간에게 파리가 과연 필요할까? 누구든 대번에 아니라고 답할 것이다. 파리가 없다면 세상은 더 아름다울 것 같다. 그렇지 않은가? 천만에! 절대 그렇지는 않을 것 같다. 정반대다.

파리는 배설물과 사체를 없애 준다. 다 어떻게든 입에 올리지 말았으면 싶은 달갑지 않은 것들이다. 예컨대 검정파리는 먹을 게 있으면 소화 효소를 그 위에 게워 낸 뒤 둘 다를 핥아먹는다. 뭐 그리 우아한 식사 매너는 아니다. 특히 이들 파리가 소가 싸 놓은 둥글넓적한 쇠똥 위에 앉아 있다가 재빨리 우리 밥상을 노리고 날아온다고 상상하면 더욱 그러하다. 하지만 화장실 청소부부터 사랑의 우편배달부에 이르기까지 아는 이가 있기나 할까, 이 검정파리가 꽃의 가루받이도 해 줄 수 있음을? 그러니 이 파리가 지닌 능력의 폭은 참으로 광범위하지 않은가! 또 파리에 대해 정말 아무런 편견에 사로잡혀 있지 않다면 사실 이 곤충이 입고 있는, 금속성의 녹색과 청색으로 반짝이는 의상이야말로 멋진 디자인이라고 일컬을 만하다.

하지만 파리는 성충의 모습으로 등장하기도 전에 이미 가장 힘든 일을 해냈다. 거의 모든 구더기는 죽은 유기체를 분해한다. 인간이든 동물이든…… 뭐든 상관없다. 이들의 업적을 통해서만 이들보다 더 작은 유기체들은 계속 제 소임을 다하고, 결과적으로 모든 유기체가 식물이 섭취할 수 있는 정도의 아주 작은 입자로 분해된다. 이 입자를 흡수해 식물은 다시 우리 삶의 바탕이 되는 새롭고, 싱싱한 유기물을 만들어 내는 것이다.

우리가 먹는 음식을 파리가 건드리다니, 그건 당연히 우리가 원하는 바가 아니다. 파리가 병을 옮길 수 있음은 사실이기 때문이다. 하지만 그런 일이 없도록 주의하는 것, 예컨대 문에 방충망을 달거나, 노출된 음식물을 덮개 따위로 덮거나, 과일은 씻어서 먹는 것 등은 우리가 해야 할 일이다.

하지만 단 하나만은 용서해 주면 좋겠다. 잠을 좀 잤으면 싶은데 방 안에 있던 파리 한 마리가 쉬지 않고 얼굴을 향해 날아와 웽웽거린다면 (남들이야 그러지 말라고 같은 말을 계속 읊어대겠지만) 그 녀석은 그냥 둘 수가 없다. 말하자면 여름철에 파리채를 하나를 침대 근처에 놔두고, 필요하면 그걸 사용하기도 한다는 말이다. 파리 한 마리만 처치하고 나면 온 방 안이 고요해진다. 이미 고대 이집트 시대에도 사람들은 파리가 극도로 끈질기다는 것을 알고 있었다. 거기서는 심지어 파리의 얼쩡거림을 잘 견디는 군사에게 파리 모양의 작은 브로치처럼 생긴 훈장까지 수여했다. 그 훈장이 결코 뒤로 물러서거나 흔들리지 않는 병사임을 증명한 셈이다. 그런데 나일강변에 자리한 이 매혹적인 나라에서는 금풍뎅이(Mistkäfer, 직역하면 똥풍뎅이_역자)도 한때는 성스러운 부적의 주인공이었다. 뭐 이건 다른 이야기이긴 하지만…….

Chapter 4.

땅속의 일꾼들

Wie kommt die Laus aufs Blatt?

question
49

지렁이 한 마리를 반으로 자르면 두 마리로 자랄까?

누가 이런 전설 같은 이야기를 퍼트렸는지 모르겠다. 어쩌면 정원사가 삽질을 하다 그만 지렁이를 반 토막 내고는 양심의 가책을 느껴 위안 삼아 지어냈는지도 모른다. 나 같으면, 정원사가 두 토막 난 지렁이를 곧장 응급실 같은 곳으로 옮겨 각 개체가 살아나는지를 직접 보았는지가 더 궁금할 것 같다. 다시 말해 신발상자에 퇴비화한 흙을 채운 뒤 잘 넣어 보살피면서 살펴보는 것이다.

그럼에도 이 이야기는 끈질기게 이어지고 있다. 이 이야기가 지렁이의 높은 재생력을 어느 정도는 잘 보여주기 때문이기도 하다. 이런 재생력은 지렁이가 무척 많은 줄기세포를 지녔다는 데에 기인한다. 줄기세포란 미분화 세포로, 필요에 따라 근육, 신경 또는 감각 기관 세포 등으로 발달할 수 있는 세포를 가리킨다.

예컨대 땅을 갈아엎다가 삽으로 지렁이를 두 토막 냈다면 지렁이의 몸이 정확히 어느 지점에서 나뉘었는지가 관건이다. 머리 부분(지렁이에게도 머리가 있다. 정말이다! 비록 비슷해 보이기는 하지만, 지렁이의 몸은 전단부와 후단부로 이루어져 있다.)이라면 언제든지 꼬리 부분이 새로이 자라날 수 있다. 아주 넓게 보면 도마뱀과 비교할 수도 있다. 도마뱀은 먹잇감을 찾는 동물의 공격을 받아 꼬리가 잘려 나가기도 하지만 다시 재생된다.

지렁이의 후단부는 안타깝게도 새로운 머리 부분을 만들어 내지 못한다. 절단된 곳이 머리에서 아주 가깝지 않다면 말이다. 머리끝에서부터 원통형 근육이 네댓 마디 이상으로 떨어져 잘리면 안 된다. 머리 부분은 구조가 비교적 복잡한 탓에 줄기세포가 있어도 필요한 모든 것을 새로 형성하지 못한다.

그러니 벌레든 외로움을 느끼는 모든 다른 존재든 상관없이, 어떤 일이 있더라도 생명을 가지고 장난을 쳐서는 안 된다.

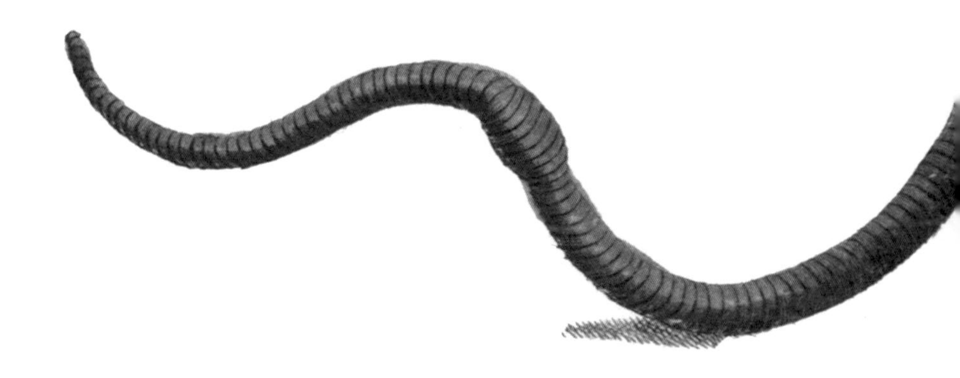

question
50

등각류는 왜 어둠을 좋아할까?

등각류는 다름 아닌 작은 갑각류로, 매력적이게도 바닷가재, 게, 닭새우, 새우와 가깝다. 이 부류를 대표하는 대다수 생명체는 바닷물 속이나 바닷가에 산다. 하지만 납작한 몸의 육지 등각류는 그런 종족 전통을 엄정히 따르지 않고 오히려 육지를 오랜 생활 터전으로 택했다. 대신 그들은 빛을 싫어한다. 무엇보다 몸이 너무 빨리 마르지 않도록 하기 위해서다. 이는 호흡과도 관계가 있는데, 등각류는 여전히 아가미를 갖고 있는 것이다.

독일에는 50종의 다양한 등각류가 존재한다. 이들은 모두 습한 환경, 특히 흙 속에 사는 걸 좋아한다. 등각류는 둥그런 아가미에 수막이 유지되어야 하는데, 땅속에서만 가능하기 때문이다. 땅속에서는 먹이인 식물 껍질류도 금방 찾을 수 있다. 우선 이들은 이른바 1차 재활용자로서 낙엽과 죽은 나무를 갉아 먹는다. 이렇게 하여 쓰레기를 다시 (정원의) 황금인 퇴비로 만드는 일과 관련된 중요한 작업 단계 하나를 해결한다.

지렁이와 비교하면, 등각류는 식물을 분해할 때 제2 바이올린 역할을 한다. 하지만 지렁이가 없는 곳, 예를 들면 아프리카의 사막과 건조 기후대에서는 등각류의 기능이 극도로 중요해진다. 등각류는 어느 정도의 습기를 필요로 하기는 하지만 몸을 감싸고 있는 껍질 덕분에 아무것도 걸치지 않은 다른 벌레에 비해 몸이 마르는 것을 훨씬 더 잘 막아 낼 수 있다.

하지만 사는 곳이 어디이든, 등각류는 결코 일광욕을 즐기지는 못한다. 이들이 습하고 어두운 곳에서 살아가는 또 다른 이유는 바깥 껍질 때문이다. 이 껍질은 키틴질로 이루어져 있기는 하지만, 대다수 육지 곤충과는 달리 밀랍층으로 덮여 있지는 않다. 그 결과 등각류의 몸은 예컨대 딱정벌레나 말벌류보다 확연히 더 민감하다.

동물로서도 등각은 흥미로운 존재다. 물론 두 번째로 눈여겨볼 때 그렇지만 말이다. 예컨대 등각류 암컷이 알을 부화낭 속에 담아 부화할 때까지 보호한다는 사실을 여러분은 알고 있었나? 이렇듯 애정 어린 돌봄은 눈이 귀여운 동물들만 할 줄 아는 게 아니다.

question

51

천발이는 발이 정말 몇 개일까?

어린이용 방송 프로그램 〈세서미 스트리트〉에 대한 내 가장 멋진 추억 속에는 노래도 한 곡 들어 있다. 천발이 한 마리가 경탄하면서 제 다리 숫자를 헤아린다는 내용의 가사다. 이렇게 많은 발을 비틀거리지 않도록 잘 조절하면서 움직이는 것에 놀라서 이 동물에 대한 존경심이 크게 올라갔다. 하지만 이 동물은 정말 발이 천 개나 될까?

가장 많은 발을 지닌 종은 750개, 즉 375쌍의 다리를 가졌다. 따라서 이름에 붙은 천이라는 마법 같은 숫자에는 이르지 못하지만, 그래도 다리 수가 꽤나 인상적이다. 천발이의 몸길이가 얼마나 길든, 또 얼마나 많은 다리를 가졌든 상관없이, 머리가 있고 몸통이 똑같은 크기의 마디로 나뉘며, 그 몸통에 최소한 4쌍의 다리가 붙어 있으면 우리는 늘 이것이 천발이라고 인식한다. 콩알 숫자도 다 헤아릴 까탈스러운 사람 같으면 이 동물을 오히려 '여덟부터-칠백오십까지발'이라고 부르겠지만, 그렇게 정확히 따질 이유가 어디에 있겠는가? 우리 인간이 일일이 헤아리지 않고도 한눈에 확인할 수 있는 개수는 최대 다섯 개까지다. 훈련을 받은 눈이라면 그 숫자가 일곱 개까지 올라갈 테지만, 거기까지다. 그것보다 많은 개체 수를 정확히 알려면 하나하나 헤아리지 않을 도리가 없다. 그래서 일곱을 넘어서면 그냥 '많다'라고 감지한다. 이보다 훨씬 더 많으면 '무척 많다'라고 인식한다. 또 각각의 개체가 크기도 작은 데다 북적거리듯 움직이면 그것들을 다 헤아리기를 지레 포기해 버린다. 이런 다량을 대신할 만한 하나의 숫자 속으로 피신하는 것이다. 예컨대 천일야화의 셰에라자드가 정말 천 일하고도 하룻밤 동안 이야기를 풀어놓았는지도 중요하지 않다. 관건은 한눈에 들어오지 않는 숫자를 어떻게든 표현하는 일이다.

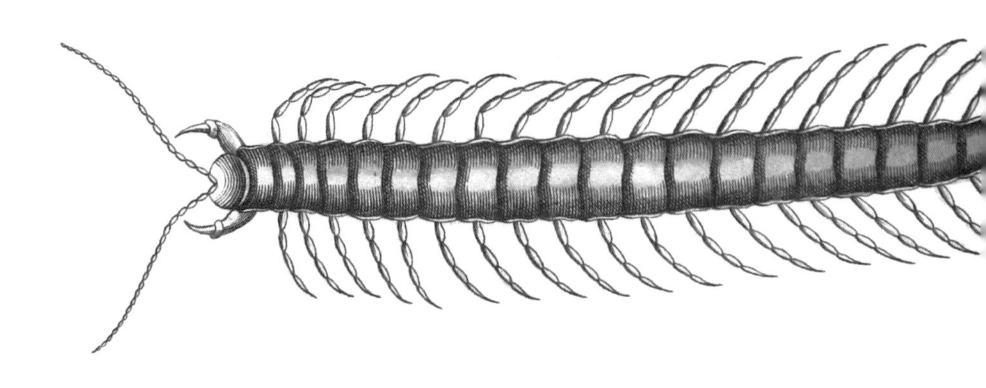

천발이의 몸통은 납작하거나 둥글둥글하며, 다리는 몸통의 측면이나 아랫부분에 자리 잡고 있다. 물결 일렁이듯 이동하는 방식을 통제하는 것은 밧줄 사다리 꼴로 배열된 신경계다. 흥분파(興奮波)가 자극을 주면 각각의 다리 쌍이 움직이고, 리듬감 있게 앞으로 나아갔다 뒤로 물러나게 된다. 우리가 무의식적으로 숨을 쉬거나 달리기하는 것과 똑같이, 이것 역시 자율 신경계의 통제하에 자동으로 이루어진다.

천발이는 등각류나 지렁이처럼 토양 속 유기물을 분해하는 중요한 존재다. 이들은 이미 엄청나게 오랫동안 존재해 온 육지 동물군의 하나이기도 하다. 무려 4억 년 전부터 존재했다. 당시는 고생대 데본기였으며, 육지 정복에서 천발이보다 앞선 것은 양치류인 속새와 지의류였다. 최초의 양서류가 생겨난 것도 이 시기다. 그때 존재한 척추동물은 물고기뿐이었다. 육지라고는 아직 유라시아와 곤드와나 대륙뿐이었으니, 오늘날 대륙이라고 불리는 땅덩어리는 하나도 보이지 않았음도 놀랄 일이 아니다. 천발이가 가족 앨범만이라도 갖고 있었더라면 그걸 가지고 이야기할 수도 있었을 텐데…….

question
52

굼벵이는 시간이 지나면 다 오월풍뎅이가 될까?

그렇지 않다. 그 반대가 정답이다. 오월풍뎅이는 한때는 다 굼벵이였다. 이 단어는 모든 풍뎅이과 벌레의 애벌레 단계를 가리키는 말인데, 오월풍뎅이, 유월풍뎅이, 유럽남방장수풍뎅이, 꽃무지 또는 녹색장발풍뎅이 등이 이 과에 속하는 종이다. 굼벵이는 대개 흰색부터 밝은 갈색까지의 색상을 지니며, 어두운 색상의 머리와 몸통 맨 윗부분에 발이 여러 개 달려 있다. 이 굼벵이를 '땅속의 나비 유충'이라 부를 수 있을 것 같다. 딱정벌레류의 발달을 나비류의 그것과 비교해 보면 애벌레는 두 경우 모두 똑같이 알 다음이자 고치가 되기 전의 단계이기 때문이다(나비 유충은 땅속이 아니라 잎을 갉아 먹으므로 땅속 유충이 아님_역자). 굼벵이는 땅속에 사는 데에 적합하다. 이들은 대체로 해충 취급을 받는데, 전적으로 옳지는 않다. 오월풍뎅이나 유월풍뎅이의 굼벵이는 크기가 5센티미터에서 7센티미터 정도인데, 식물의 뿌리를 왕성하게 먹어 치우므로 때로 다 자란 나무까지 죽게 만든다. 그래서 땅을 갈다가 이들 굼벵이를 보기라도 하면 죽여야 하는지, 아니면 예컨대 오월풍뎅이를 언젠가 정원에서 라이브로 경험하기 위해서 살려 주어야 하는지 고민에 빠지기도 한다. 그런 경우 나는 단칼에 결론 내리기보다는 굼벵이를 정원 어느 곳 흙 위에 놓아두는 편이다. 이 기회를 놓치지 않고 재빨리 땅속 제국으로 사라진다면 그건 굼벵이의 '승리'다. 반대로 새들의 눈에 띄기라도 하면 그날은 새들이 간식을 한 번 더 먹는 날이다. 그리고 이건 그저 '자연스러운 상황을 만들어 주었을 뿐 내 잘못은 아니야. 스스로 생명을 죽이지는 않았으니…….'라면서 변명할 수 있다.

퇴비장에서 발견되는 굼벵이는 어떤 경우든 그대로 둬야 하며 목숨을 건 로또 장면을 '연출'해서는 안 될 것이다. 이 굼벵이는

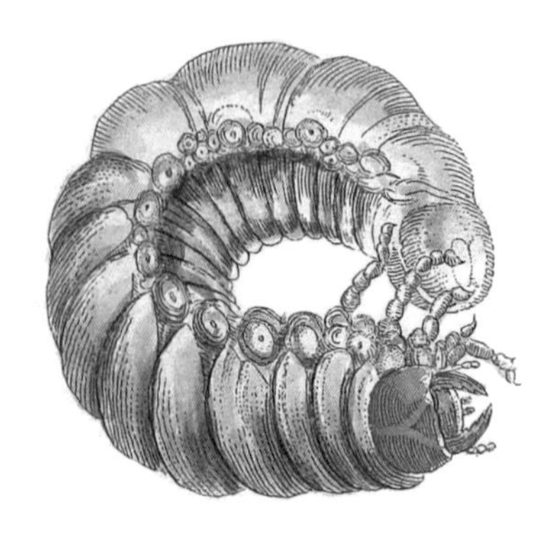

꽃무지와 녹색장발풍뎅이의 새끼들인데, 애벌레 단계에서도 살아 있는 식물은 건드리지 않고 이미 죽은 유기체를 먹어 치워서 퇴비 만들기에 동참한다. 식물을 갉아 먹는 굼벵이와 퇴비 공장 주인은 어디에서 눈에 띄는지를 통해 가장 잘 구분할 수 있다. 살아 있는 뿌리를 갉아 먹는 동물이 퇴비 더미 위, 아니 속에서 이리저리 돌아다닐 까닭은 없을 테니 말이다.

question
53

정원 흙 속에서 살아가는 동물 중 가장 큰 것과 가장 작은 것은 무엇일까?

평생을 정원 흙 속에서 살아가는 땅속 동물 가운데 덩치가 가장 큰 녀석이라면 독일에서는 두더지와 물밭쥐류를 들 수 있다. 엄밀히 말해 물밭쥐류는 제외해도 무방하다. 낮에 때때로 자유롭게 돌아다니기는 해도 대개는 밤에 많이 돌아다니기 때문이다. 반면 두더지는 밤낮을 가리지 않고 우연적으로, 별로 의도하지 않은 채 돌아다닌다. 그러니 정원에서 가장 큰 동물이 두더지라고 합의를 볼 수 있겠다. 포유류 중에서 두더지만큼 땅속에서 살아가는 데에 적합한 동물도 없다. 앞발은 땅을 파헤치는 삽으로 형태가 바뀌어 있고, 후각은 완벽하며, 땅의 흔들림과 작은 움직임조차 아주 재빨리 감지한다. 다니는 길이라는 것이 영원히 어두운 땅속이라서 두더지에게 시각은 필요 없다. 그 결과 시각은 종의 진화 과정에서 사라져 버렸고, 눈먼 두더지라는 말은 속담이 되었다.

벨벳 같은 털 또한 적응을 보여주는 또 다른 사례다. 재단사 눈에 들려고 두더지가 이런 매끄러운 털을 가졌을까? 그렇지 않다. 여기에는 전혀 다른 이유가 있다. 털이 똑바로 위를 향해 나 있으며 옆으로 향하고 있지 않기 때문에 이 털에는 '결'이 없다. 털 있는 동물들에게는 결이라는 게 있어서 뭔가가 이 결을 거스르면 거북해 한다. 우리 집에서 키우는 반려동물 미니와 피리다는 어쩌다 털의 결을 거슬러 쓰다듬으면 노골적으로 싫은 티를 낸다. 땅굴 파기 도사인 두더지의 털에는 그런 결이 없으므로 땅굴 속에서 앞으로든 뒤로든 사방으로 기어 다닐 때에 벽에 아무리 이리저리 쓸려도 전혀 문제가 되지 않는다.

정원 흙속에서 살아가는 가장 작은 동물을 찾으려 한다면 일단 하나의 생명체가 언제부터 동물로 간주되는지부터 생각해 보아야 한다. 조류(藻類), 균류 또는 박테리아는 생명의 형태이기는

하지만 오히려 식물 아니면 (동물도 식물도 아닌) 별도의 독자적 범주로 묶인다. 아메바나 '짚신벌레' 같은 단세포 생명체도 우리는 동물이라고 하지 않는다. 단세포 범주 안에서 두리번거릴 것이 아니라 이를테면 현미경을 좀 더 큰 개체들의 범주에 들이대면 동물이라는 명칭에 손색없는 개체를 만날 수 있다. 이때 우리에게 인식되는 동물이 톡토기(*Collembola*)로, 가장 작은 것은 크기가 0.1밀리미터에 불과하다. 그래서 푸석푸석한 흙 1제곱미터면 최대 10만 마리의 톡토기가 살기에 충분하다.

이 녀석들이 날지도 못하면서 이런 이름(독어로 Springschwanz인데, '튀어 오르는 꼬리'라는 뜻임_역자)이 붙은 까닭은, 정말 어떤 위기 상황이 닥쳤을 때 몸의 움직일 수 있는 뒷부분을 투석기처럼 이용해 몸을 튕겨내 도망가기 때문이다. 이 톡토기도 마찬가지로 건초를 분해해 식물이 섭취할 수 있는 영양분 형태로 만드는 너무나 중요한 일에 힘을 보탠다. 어쩌면 이렇게 말하는 것 자체가 거의 쓸데없는 일일 것이다. 이들은 몸집은 작아도 일하는 것만큼은 굉장히 효율적이다.

question
54

두더지가 우리 집에 들어와 살면 어떻게 해야 할까?

두더지가 출몰한다고 해서 무지막지하고 폭력적인 방법으로 맞서서는 결코 안된다. 두더지는 온전히 보호받고, 몸을 온전히 보전해야 할 권리가 있기 때문이다. 따라서 두더지가 파 놓은 땅굴을 물로 가득 채워 버리거나, 자동차 배기가스를 주입하거나(어떤 이웃이 이런 짓 하는 것을 나는 당혹스러운 마음으로 본 적이 있다) 독극물이 든 미끼를 깔아 놓는 짓은 미숙한 방법일 뿐 아니라 범죄에 해당한다.

완전히 다른 방식으로 이 문제에 다가가 보자. 두더지가 땅을 파서 정원에 자그마한 흙더미가 생겨난다고 해서 인간이 정확히 무슨 방해를 받는단 말인가? 좋다. 축구하는 게 좀 어려워질 수도 있다. 그러니 정기적으로 정원 토너먼트를 벌이는 사람이라면 이 문제에 끼어들 첫 번째 이유가 있을 것이다. 보기에도 별로 좋지 않다. 텃밭에서 벌어지는 색상의 향연을 보상해 줄 녹색 대체 용지를 갖고자 한다면 이것도 이해는 할 만하다. 하지만 이따금 벌어지는 크로켓 게임이나 불 게임은 불평의 근거로 인정하지 말자. 자그마한 골대를 세워 크로켓 게임을 하거나 쇠로 만든 공 불을 던질 수 있는 경기장은 두더지가 쌓은 작은 흙더미 동산 주위에 얼마든지 만들 수 있으니까. 두더지가 땅굴을 파면서 쌓아 놓은 흙더미 동산이 정말 성가셔서, 아니면 그저 '관례적으로 하는 정리'이므로 두더지를 내쫓으려는 것인가? 이유는 둘 중 하나일 테지만 분명한 것은, 두더지가 모든 정원 또는 어느 부분에서 문제가 되지 않는다는 점이다. 그런데도 왜 그걸 용인하지 못한단 말인가? 다들 알다시피 우리 정원에 해를 가하는 굼벵이와 달팽이 사냥에 어쨌든 두더지가 동참하지 않는가 말이다.

그래도 두더지를 꼭 쫓아내야 한다면, 잡아서 다른 곳에 내팽개치기보다는 두더지에게 스트레스를 주어야 한다. 이를테면 그 정원에서 사는 게 만만찮음을 알려 주어 두더지가 그곳에 정착할 생각을 하지 않도록 하라는 말이다. 그러면 두더지는 새로운 활동 공간을 찾아간다. 그러려면 첫째로 두더지가 만들어 낸 모든 흙더미를 쓸어 버리거나, 모인 흙을 곧장 화분 식물용으로 이용

한다. 이 흙은 부드럽게 부수어져 있어서 화분용으로 아주 완벽하다. 두더지는 고요한 것을 좋아한다. 그래서 날마다 아이들이나 손자 또는 이웃집 아이들을 불러 정원에서 미친 듯이 뛰어놀게 하는 것도 탁월한 아이디어다. 강아지들도 함께하면 최고다. 그렇게 한 일주일 정도 지속적으로 땅이 흔들리면 충분할 것이다. 그리고 하나 더. 무시무시한 영화 속에 나오는 평균적인 뱀파이어만큼이나 두더지도 마늘 냄새는 그리 달가워하지 않는다. 마늘 달인 물을 두더지가 판 여러 땅굴에 흘려 넣고서, 마늘 냄새에 도망가 버리는 보통의 두더지이기를 바라는 것이다.

question 55

장기간 비가 내리면 물밭쥐의 땅굴도 물에 잠길까?

몇몇 질문 앞에서는 내 존재가 둘로 나뉨을 인정할 수밖에 없다. 따라서 나는 하나의 동일한 상황에서 두 개의 소망을 표현하게 된다. 예를 들면 비가 계속 내리는 경우다. 나는 그렇게 비가 내리는 것이 좋지만 지렁이들이 다니는 통로가 물로 가득 차지만은 않길 바란다. 통로에 물이 넘치면 지렁이가 위험에 처하니 말이다. 하지만 물밭쥐를 생각하면 까짓것 물이 흘러넘쳐도 괜찮다. 물밭쥐는 통상 한 가족이 거의 모든 목본, 관목 및 알뿌리식물을 덮쳐 정원을 땅속 깊은 곳부터 거의 다 갉아 먹기 때문이다.

물밭쥐가 파 놓은 통로가 무척 길다 보니 보통의 여름철 소나기 한 차례에 통로가 완전히 물에 잠기는 일은 좀체 없을 것 같다. 이 녀석들의 세상이 어쩌다 물에 잠겨도 물밭쥐 자체가 물속에서 잠시 숨을 참을 줄도 알고 수영도 아주 잘 하는 탓에 여러 번의 비로 실질적인 손해를 입기란 쉽지 않다.

하지만 물이 흘러넘치도록 구덩이를 파 놓아 물밭쥐를 정원에서 몰아내는 시도는 할 수 있다. 이때는 물밭쥐가 파 놓은 땅굴까지 연결되도록 구덩이 하나를 깊이 판다. 그런 다음 땅굴에 물이 가득 찰 때까지 구덩이를 물로 채운다. 운이 좀 따른다면 그러고 나서 물밭쥐는 살던 집을 떠난다. 물론 그러려면 많은 물이 필요하며, 미로 같은 땅굴이 지하철 정도의 규모가 아닐 때에만 가능하다. 그래도 어쨌든 무리의 꼴을 갖추어 가는 물밭쥐를 독극물 쓰지 않고 퇴치하는 하나의 방법이기는 하다.

Chapter 5.

정원의 불청객

Wie kommt die Laus aufs Blatt?

question
56

혹독한 겨울이 한 차례 지나고 나면 생쥐나 진딧물 따위의 개체 수가 줄어들까?

독일 토종 동식물 대다수는 2019년 말부터 2020년 초 같은 온화한 겨울 날씨에는 전혀 적응되어 있지 않다. 그들의 자연스러운 리듬 속에는 서리 내리고 눈 흩날리는 추위를 이겨 낼 여러 전략들이 들어가 있다. 이를테면 대다수 곤충들은 겨울이 찾아와 기온이 낮아지면 겨울잠을 자듯 꼼짝도 하지 않는다. 그러나 온도계 눈금이 올라가면 예컨대 벌들은 깨어나 겨울이 한창인데도 어떻게든 먹이를 찾아 나선다. 그 과정에서 벌들은 에너지를 소비하는데, 이 소비량을 충당하지는 못한다. 아직은 꽃이 거의 피지 않았기 때문이다. 그러다 한 차례 다시 추위가 이어지고 먹이를 얻지 못하면 벌들은 체내에 저장해 둔 것으로 힘겹게 견뎌야 한다. 이건 만만치 않은 일일 수 있다.

이와 달리 모기, 진딧물 또는 나무껍질딱정벌레는 혹한보다 온화한 겨울을 더 잘 이겨 내며 봄철에 더 많은 개체 수로 종족 확산에 나서기에 정말 골칫거리가 되기도 한다.

온화한 겨울이 지난 뒤 곰팡이가 더 심하게 스는 것은 겨울에 입은 손상이 크지 않아서일까? 그것과는 관련성이 약하다. 이보다는 곰팡이가 스는 목본류가 겨울에 신진대사가 원활하지 않고 이로써 곰팡이의 습격에 대한 저항력도 약해지기 때문이다. 반면에 곰팡이 입장에서는 온화한 기온이 성장에 극도로 유리하다. 곰팡이에 맞서는 저항도 적어서 유난히 더 빨리 퍼지기 때문이다.

진딧물로서는 온화한 겨울이 큰 추위가 몰아치는 겨울보다 살아남기에 더 유리하다. 그런 겨울철에는 장기간 견디기에 일반적으로 유리한 알 외에 성충조차 10월부터 이듬해 2월까지 살아남을 수 있다. 갓 부화한 진딧물이든 성충 진딧물이든 아주 일찍부터 개체 증식을 시작한다. 그래서 3월이면 벌써 진딧물이 가득 낀다. 원래는 6주 내지 8주 뒤에나 들이닥칠 일인데 말이다. 하지만 4월이나 5월에 진딧물을 휩쓸 늦서리가 내릴 수 있기에, 온화한 겨울 뒤에 진딧물이 유달리 창궐한다고 말할 수는 없다. 측정되는 온도 외에 유기체가 최적의 여건하에서 증식할 수 있는지의 여부를 크게 결정짓는 것은 봄철 기상 상황이다.

땅굴 속에서 살아가는 설치류는 온화한 겨울을 좋아한다. 그런 상황에서는 바깥에서 충분한 식물성 먹이를 찾을 수 있고, 새로운 번식기가 시작될 때 훨씬 더 많은 동물이 새끼를 낳는다. 쥐들은 추위에 덜 민감해서 뒤늦게 추위가 닥쳐도 번식률이 크게 떨어지지 않는다. 하지만 고양이를 키우고 돌보는 사람이라면 그 어느 때보다도 고양이를 더 많이 기르고 싶을 것이다.

분명한 사실은, 기후 변화의 가장 큰 승자는 변화무쌍한 날씨에 가장 유연하게 적응하는 동식물이라는 점이다.

question
57

개미 떼가 습격하면 어떻게 대처해야 할까?

정원 동물을 이로운 것과 해로운 것으로 나누는 건 정원사들이 행하는 고전적 방식이다. 그런데 이런 분류 방식으로 적용하면 개미의 경우 아마 뚜렷한 결정을 내리기 힘들 것이다. 개미가 유발하는 손해와 이익을 저울에 올려놓으면 어찌어찌 평형을 이룬다. 개미 왕국은 식물을 먹고 사는 몇몇 동물에게도 제한을 가하지만 더 작은 동물을 먹고 살아가는 작은 동물도 똑같이 손봐주기 때문이다. 일반적으로 개미는 진딧물을 무당벌레 일당으로부터 지켜 준다고 알려져 있다. 그래야 개미는 진딧물을 간질여 식물에게서 빼먹은 당즙을 배설하게 해 그걸 먹을 수 있기 때문이다. 그러니 진딧물과 개미의 관계는 원리적으로 보면 젖소와 우리 인간의 관계와 비슷하다.

전반적으로 보면 개미는 인간에게 아무런 해가 되지 않으니 그냥 내버려 둬도 괜찮다. 정말로 방해되지 않을 때까지만 말이다. 예컨대 우리가 바라지 않는 곳에 개미가 집을 짓는다면 상황은 달라진다. 테라스 아래나 옆의 건조한 장소 또는 잔디밭이나 화분 속 같은 데이다. 화분 속에 개미가 집을 지었다면 심어 놓은 식물을 들어낸 다음 개미집을 제거해야 한다. 하지만 이 화분은 개미집을 어떻게 하면 다른 데로 옮길 수 있는지에 대한 놀라운 힌트를 제공한다. 지름 16센티미터 정도의 바닥에 구멍이 뚫린 토분을 하나 흙으로 채워 갖다 두자. 개미는 열광할 것이다. 고층 아파트 한 동이 생긴 셈이니까. 토분이 열을 품고 있기에 개미는 무척 즐거이 그곳에 입주한다. 며칠 지나면 개미는 집을 아예 그곳으로 옮긴다. 그런 뒤 화분을 숲속으로 옮겨 주면 끝!

개미 통로가 건물 안으로 나 있다 해도 조금만 참고 기다리면 그만인데, 동물을 좋아하는 친구조차도 독극물로 개미를 퇴치해야 하는지를 고민한다. 확고한 태도로, 정원과 집에 독극물을 살포하는 짓은 결코 해서는 안 된다. 개미가 무엇을 바라고 그렇게 오는지를 곰곰이 생각해 보는 편이 더 낫다. 대개 개미가 원하는 것은 밀봉하지 않은 저장물이다. 그걸 개미가 발견하면 희한하게 일렬종대로 가서 빼내 온다. 가장 좋은 방식은 이 길을 끊어 버리는 것이다. 이 길은 교통 표지판이 아니라 냄새로 표시되어 있다. 그 위에다 강황 또는, 내가 듣기로는 라벤더 기름처럼 향이 진한 물질을 뿌리거나 발라 주면 고속도로가 정확히 끊어지고 만다. 또 모든 저장물을 냄새나지 않도록 밀폐 용기에 담고, 와인이나 탄산

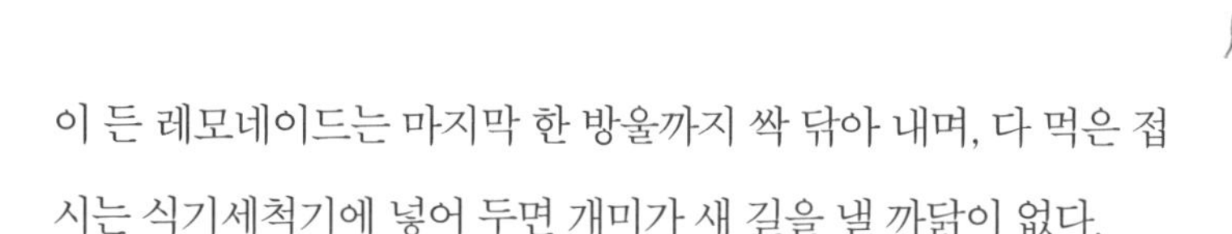

이 든 레모네이드는 마지막 한 방울까지 싹 닦아 내며, 다 먹은 접시는 식기세척기에 넣어 두면 개미가 새 길을 낼 까닭이 없다.

베이킹파우더를 개미 다니는 길 위에 뿌리는 것도 널리 사랑받는 방법이다. 개미가 이 물질과 접촉하면 부식이 일어나며, 들이마시면 소화관이 빵빵해져 죽음에 이를 수 있다(베이킹파우더에 포함된 탄산수소나트륨이 개미 소화관 속의 산과 반응하면 이산화탄소가 발생함_역자). 하지만 이런 방법이 반드시 효과가 있는 것 같지는 않다. 설사 지금까지 이처럼 엄격한 조치로 꽤나 훌륭한 경험을 했다 하더라도 말이다. 토분을 이용하거나 향신료를 뿌리는 방식이 내겐 더 만족스러웠다.

question 58

초여름부터 떼로 발생하는 진딧물 녀석들은 도대체 어디서 오는 걸까?

겨울은 참 아늑한 구석이 있다. 이때는 모두가 휴식을 취한다. 정원 안팎으로 꽃도 없고 싱싱한 채소도 나지 않지만 그 대신 신경 쓸 일도 없다. 식물을 갉아 먹고 빨아 먹는 곤충을 쫓아내려고 애쓰지 않아도 되기 때문이다. 그렇게 한숨 돌리고 나면 어느 날 갑자기 벌레들이 다시 끼기 시작한다. 진딧물이다. 처음에는 사방을 아무리 둘러봐도 보이지 않더니 며칠 지나자 몇 마리가 나타나고, 얼마 안 가 떼거지로 식물의 새싹을 뒤덮어 폭풍 흡입해 버린다.

정원 어느 구석도 이들로부터 안전하지 않다. 멀리 떨어진 발코니나 높다란 옥상 정원조차 마찬가지다. 이렇게 되면 '이 녀석들은 도대체 어디서 오는 걸까?'라는 궁금증이 생길 만도 하다.

진딧물은 일반적으로 알의 형태로 겨울을 난다. 알에서 부화한 진딧물은 '간모(幹母)'라 하는데, 진딧물 군락의 어미들이다. 왜냐하면 이 어미들은 단위 생식으로 번식하기 때문이다. 말하자면 암수의 결합 없이 번식한다는 말이다. 이 단계에서의 암수 결합이란 그저 시간 낭비에 불과하다. 수컷 없이도 일이 더 빨리 진행되니 말이다. 이런 단위 생식으로 40세대까지 이어질 수 있다. 흔히 진딧물은 알이 아니라 태생(胎生) 방식으로 세상으로 나온다. 이들의 군집이 자라서 공간이 비좁아질 정도가 되면 날개 달린 개체들이 형성되는데, 이들은 다른 '초지'를 개척한다. 가을에야 비로소 빛과 온도의 작용으로 암수가 있는 성체들이 만들어진다. 이들의 역할은 수정을 통해 유전자 교환이 된 알을 만들어 내는 것이다. 이렇게 수정란이 겨울을 난 뒤 부화해 다시 간모가 된다.

종에 따라 진딧물은 갈라진 틈새나 나무 겉껍질 속 아니면 식물의 다른 부분에 알을 낳는다. 이런 장소는 시간이 지나면 봄을 대비한 적절한 출발 지점을 제공한다. 진딧물은 대다수 다른 곤충과 마찬가지로 알의 단계에서는 눈에 잘 띄지 않는다. '어느 순간에 훅' 하고 등장하는 듯 느끼는 것은 아주 단기간에 그냥 모른 채 할 수 없을 만큼 개체 수가 늘어나기 때문이다. 우리 인간도 이들을 모른 채 할 수 없지만 반갑게도 박새, 무당벌레, 풀잠자리에 맵시벌까지도 이들을 놓치지 않는다.

question

59

새들이 버찌를 다 쪼아 먹는걸, 어떻게 막지?

버찌를 지키는 고전적 방법은 벚나무 위로 그물을 빈틈없이 씌우는 것이다. 버찌가 익기 직전, 새들이 알 품기를 멈춘 직후가 가장 좋다. 그렇게 해 본 적이 있는가? 적절한 타이밍을 잡은 적이 있느냐는 말이다. 알을 품고 있는 새의 둥지는 그리 간단하게 다른 데로 옮겨서는 안 되며, 그물을 쳐서 어미 새가 둥지에서 나오지 못하도록 막는 짓도 당연히 해서는 안 된다. 늦게 익는 버찌 종류를 골라 심는 게 가장 빠른 방법일지도 모르겠다.

더 까다로운 것은 그물 치는 일 자체다. 다 자란 벚나무라면 축구장 크기의 그물이 필요하겠지만, 내가 주목하려는 대상은 일단, 정말로 자기 벚나무에 그물을 치는 취미형 정원사다. 더 다루기 쉬운 신양 앵두(타트 체리_역자)라면 그물을 칠 만하다. 하지만 여기에도 의외의 난관이 있다. 그물을 씌우기 전에 나무에 앉은 새가 한 마리도 없는지 잘 살펴야 한다. 그물을 씌운 뒤에는 개구멍 같은 틈새가 생기지 않도록 늘 살펴야 한다. 그렇지 않으면 그 구멍을 통해 새 한 마리가 나무 꼭대기까지 올라갈 수 있다. 하지만 이 새가 자기가 들어온 길을 통해 다시 바깥으로 나가기는 힘들다. 대개는 그물코에 걸리고 만다. 그래서 그물을 줄곧 통제하고 관리하지 않으면 더 심각한 상황이 발생할 수 있다. 그물은 벚나무를 지키는 수단으로서는 까다로운 편이다.

이따금 버찌 사이에서 바람에 하늘거리며 바스락 소리를 내는 예쁜 알루미늄 띠가 눈에 띄기도 한다. 이건 외계의 진동을 막는 것이 아니라 새를 막기 위한 조치다. 알루미늄 띠를 달아 두면 며칠 동안은 반짝거리는 이 띠 탓에 새들이 가까이 오지 않는다. 하지만 '허수아비 효과'는 금방 사라져 버린다. 새들이 그런 경고 장치에 금방 적응하기 때문이다. (그런 효과는 밤새도록 이어지는 중장년층 파티에서도 볼 수 있다). 이보다 더 오래 가는 도구로 유리 조각이나 콤팩트 디스크로 만든 모빌이 있는데, 비교적 견고한 데다 딱딱 소리도 낸다. 그리고 나무로 만든 풍경(風磬)도 있다. 하지만 이들 역시 시간 차는 있지만 효과가 점차 사라진다. 규칙적으로 또는 불규칙적으로 빵빵 총소리를 내는 장치도 있는데, 약효가 금방 떨어지긴 마찬가지다. 이게 현실이다. 새들은 멍청하지 않다. 어떤 위협이 진짜인지 아닌지를 알아챈다. 작은 새를 잡아먹는 까마귀에서 고양이까지 맹금류나 들짐승을 새긴 조각도 헛수고이긴 매한가지다. 그냥 쿠션이나 맛있는 음식을 나뭇가지에다 걸어 놓아 정원 고양이 눈에 벚나무가 맛나 보이도록 해야 할지도 모른다. 하지만 '똘이'든 '야옹이'든 고양이가 사라지면 새들의 버찌 잔치는 아무런 방해도 받지 않고 이어진다.

그래도 한 가지 가능성은 아직 남아 있는 것 같다. 벚나무 중에서 다 익었을 때의 색이 붉지 않고 노란 것을 심어 보라. 같은 시기에 열매가 익는다면 유럽찌르레기와 그 일당이 이웃집에 달린 붉은 과육의 버찌로 몰려가 쪼아 먹을 확률이 더 높다. 색이 노랗다면 새들은 버찌가 아직 덜 익었다고 여기기 때문이다.

하지만 내가 아는 한, 노란 버찌가 얼마나 맛난지를 아는 것은, 그 새들에게 시간문제일 뿐이다. 그러니 새들이 다 먹지 않고 남겨 두는 것에 일단 기뻐할 일이다.

question 60

나리딱정벌레는 새에게 잡아먹히는 일이 드문데 왜 그럴까?

딱정벌레류 중에 보기 드문 종으로 사실 아주 예쁜 나리딱정벌레도 있다. 하지만 이 녀석은 성충일 때든 유충일 때든 몇몇 가장 아름다운 정원용 및 화분용 식물을 깡그리 먹어 치운다. 그리고 안타깝게도 새들이나 다른 조력자들이 이 나리딱정벌레를 절대적으로 믿어도 될 만큼 확실하게 먹어 치우는 것을 나는 아직 본 적이 없다. 그들이 나서 줘야 나리딱정벌레에게 습격당한 식물들이 살아남을 텐데 말이다.

그러니 정원에 프리틸라리아 임페리얼리스 또는 다른 프리틸라리아(*Fritillaria*)류 식물 그리고 진짜 나리(*Lilium*)가 자란다면, 나리딱정벌레가 있는지 없는지 꼭 살펴봐야 할 것이다. 분명 멀지 않은 곳에 이 벌레가 있을 테니까.

맨 먼저 잎을 갉아 먹은 흔적이 보일 것이다. 이파리에 구멍이 숭숭 나 있다. 그런 다음 조심스레 식물 전체를 정확히 살펴보라. 이파리 뒷면에 애벌레가 보일 것이다. 대개 사람들은 이것이 이파리에 달라붙은 진흙 덩이인줄 아는데, 사실은 배설물이다. 애벌레는 이 배설물에 둘러싸여 있는데, 자신을 아주 효과적으로 위장하기 위해서다. 애벌레는 덩치가 클수록 눈에 더 잘 띈다. 그렇게 진흙 덩이 사이에 숨어 있는 녀석들은 손가락으로 훑어 버리면 가장 잘 없어진다. 다 자란 이 붉은 색 딱정벌레 자체는 엽액(葉腋) 부분에 숨어 있거나 때로 아무런 거리낌 없이 잎 위에 앉아 있기도 한다. 하지만 이들은 주변을 살피는 눈길을 거두는 법이 없다. 자기를 잡아먹을 적이 다가오면 – 대개 이 적은 위에서 내려오는데 – 즉시 아래쪽으로 몸을 던져 등으로 떨어진다. 아래쪽 배가 어두운 색이라 흙과 구분이 잘 되지 않기 때문이다. 그렇게 떨어지고 나면 날카로운 눈을 가진 새(혹은 정원사)조차도 그들을 다시 찾기가 쉽지 않다. 이런 대응 방식은 정말 하나의 성공 모델이라 할 만하다. 그렇게 위험을 피한 뒤 나리딱정벌레들은 매우 양호한 증식률을 보이기 때문이다. 그리고 이런 증식률로 인해 이들의 먹이가 되는 식물 전체가 죽어 버릴 수 있다.

새들은 못하는 일이지만 우리는 할 수 있다. 이 딱정벌레를 잡아 버릴 수 있다. 미리 한 손을 딱정벌레가 앉아 있는 잎이나 식물의 줄기 아래쪽에 댄 다음 위쪽에서 이들을 붙잡으려고 시도해보라. 딱정벌레가 손바닥 안으로 떨어질 것이다. 그러면 그걸 처리하면 된다.

question

61

여름철에 모기가 달려들지 않게 하려면?

실제로 몇몇 식물에 들어 있는 기름 성분은 모기가 싫어한다. 라벤더나 여러 방향성(芳香性) 제라늄종이 그렇다. 후자의 경우 종도 여럿이고 전혀 다른 향을 지닌 개량종도 있다. 레몬, 장미, 베르가못, 페퍼민트 그리고 초콜릿 향까지도 풍긴다. 나 역시 언젠가 한 번 향기 식물을 모아 야외 탁자에 진열한 적이 있었다. 심지어 방향성 제라늄 중에는 모기를 특별히 잘 쫓는다는 종도 있는데, 시중에서는 '모스키토 쇼커(Moskito-Schocker)'라는 이름으로 거래되고 있다.

하지만 흔히 그렇듯 모기 막는 일을 그런 방식에만 기댈 수는 없다. 여름철은 이 작은 흡혈 곤충에게 이상적 환경을 제공하는 덕에 개체 수가 무척 늘어난다. 그 때문인지 이들은 먹을 만한 것만 있으면 어디든 가리지 않고 달려든다. 다만 앉을 자리 주위로 이 모스키토 쇼커 제라늄을 빈틈없이 심어 두면 모기의 공격을 어느 정도 차단할 수 있다. 하지만 항상 목표물을 찾아내는 모기는 있기 마련이다.

향기 식물을 이용하기보다는 모기 자체의 삶과 번식을 어렵게 만드는 편이 훨씬 더 현명한 방식이다. 이를테면 정원에 제비나 유럽칼새가 깃들도록 하는 것이다. 건조한 여름에 작은 접시나 물통을 정원에 갖다 두고 물을 채워 놓으면 정원을 찾는 다양한 동물이 갈증을 해소할 수 있을 것이다. 이 물그릇은 날마다 (예컨대 화분 식물에) 버리고 새로 채우는 게 좋다. 그러면 그 속에 있을 수도 있는 장구벌레가 일단 제대로 자라지 못한다.

정원에 연못이 딸려 있다면 모기에 대비해야 한다. 어쨌든 물고기와 양서류가 모기의 자손이 손쓸 수 없을 정도로 불어나는 것은 막아 줄 것이다. 잘 알다시피 개구리도 거들 것이다. 날아가는 모기도 잡아먹으니까.

모기가 모든 사람을 똑같이 물지 않는다는 사실도 흥미롭다. 특히 온 마음으로 사랑해 마지않는 내 딸 막달레나처럼 '달달한 피'를 가진 이가 옆에 앉아 있다면, 나는 모기의 선택을 받지 못하는 운 좋은 사람 축에 든다. 딸아이는 저녁 무렵 호숫가에서 식사라도 하면 집에 돌아올 때쯤에는 나보다 스무 배는 더 모기에게 물린다고 예상해야 한다. 하지만 그 애는 대처 방법을 알고 있다. 해충 기피제를 바르면 전제 조건이 바뀐다. 아이가 물가에서 맛난 음식을 먹으며 과일과 적포도주를 내게 건네면, 딸의 애정 표현인

동시에 자기 보호를 위해 잘 계산된 행위이기도 하다. 모기가 식사 후 우리 피에서 풍기는 냄새를 맡고 달려드는 데다 알코올도 싫어하지 않기 때문이다.

question
62

정원사에게 위험한 동물이 정원 안에도 정말 있을까?

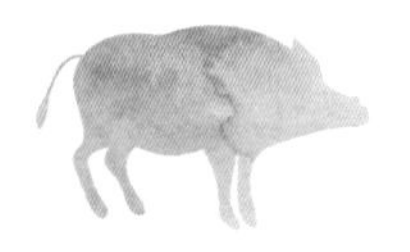

아닌 게 아니라 그런 존재가 있다. 하지만 정원을 가꾸는 이가 부주의하거나 무지하지 않다면 위험이 발생하거나 상황이 심각해지는 건 막을 수 있다. 무방비 상태인 사람은 없다. 그러니 이 글을 보고 공포에 빠질 필요는 없다. 그저 몇 가지 조언을 하려는 것이니 말이다.

가장 큰 어려움을 겪는 사람은 알레르기가 있는 이들이다. 그들에게는 모든 무는 곤충이 치명적일 수 있다. 그러니 알레르기가 있으면 예방 조치로 곤충, 특히 그 곤충의 둥지를 피해야 할 뿐만 아니라 응급 의약품과 인근 의사나 병원 연락처도 반드시 지니고 있어야 한다.

포유류나 조류는 사람을 공격할 정도로 덩치가 크거나 공격적인 경우가 드물다. 하지만 정원이 숲이나 공터 근처에 터를 잡고 있다면 멧돼지가 슬쩍 들를 수 있는데, 이들 멧돼지와는 절대 장난을 치면 안 된다. 특히 멧돼지가 새끼를 데리고 다닌다면 기본적으로 밤에 채소밭 같은 곳에 나타나 돌아다니며, 낮에는 눈에 띄지 않는 곳에서 숨어 지낸다. 마찬가지로 외래종인 아메리카너구리도 야행성이다. 이 너구리는 유럽 지역에 가장 잘 적응해 수많은 지역에 정착하는 데에 성공했다. 짜증스럽게도 이 녀석들은 인간과 거리를 둘 줄 모르는 데다 겁도 별로 없다. 그래서 중간 크기 정도의 개를 공격하기도 하고, 다 큰 녀석은 사람이 쫓아내기도 결코 만만치 않다. 막다른 곳으로 몰리면 사람을 물기도 하며, 물리면 유감스럽게도 병이 옮기도 한다.

질병 전염은 어차피 정원의 동물들이 유발할 수 있는 가장 큰 위험이다. 동물 자체가 문제가 아니라 배설물에 병원균이 들어 있는 경우도 가끔 있다. 새, 박쥐나 다른 여러 동물의 배설물을 이를테면 정원 창고나 지붕 골조에서 발견한다면, 예방 차원에서 마스크에 장갑까지 착용한 채로 치워야 한다.

하지만 이곳 독일에서 진격 중인 진드기는 정원 출입문 앞에서도 멈출 줄 모른다. 잘 알다시피 진드기는 치료가 쉽지 않은 라임병 및 뇌수막염을 옮기므로 절대로 삶의 근거지를 제공하지 말아야 하며 잔디는 짧게 깎은 상태로 유지해야 한다. 진드기는 특히 크게 자란 풀 속에 있으면서 지나가는 손님을 기다리기 때문이다. 장작과 낙엽 더미도 사람이 많이 다니는 길이나 장소에서 멀리 떨어진 곳에 쌓아 두어야 한다. 진드기 출몰 지역에 너른 정원, 그것도 온갖 꽃과 풀이 자라는 자연스러운 땅을 가졌다면 날마다 진드기를 체크하는 것은 일상이다. 여름철에는 초저녁에 샤워를 하기 전에 온몸을 구석구석 살펴봐야 하며, 혹 진드기 한 마리가 자리를 잡고 있다면 (오일을 발라 피부를 문지르지 말고!) 진드기 집게나 핀셋을 사용해 가볍게 돌려 주면서 신속히 피부에서 제거해야 한다. 이때 진드기 머리가 피부 속에 박혀서는 안 된다. 실수로 그런 일이 발생했다면 즉각 의사를 찾아가는 것이 바람직하다. 그래야 가능한 한 빨리 전문적인 대응 조치를 취할 수 있기 때문이다.

question
63

물밭쥐를 잡아 다른 곳에 풀어 주면 안 될까?

잡아다 다른 곳에 풀어 준다고? 그걸로 얻는 성취보다 수고가 더 크겠다. 물론 이해는 한다. 물밭쥐를 죽이는 일이 어찌 꺼림칙하지 않겠는가? 어쨌든 그것도 생명이니까. 하지만 녀석을 산 채로 붙잡아 (가능은 하다) 어디 다른 곳에 옮겨 살게 하기란 만만찮은 일이다. 기어이 그렇게 하기로 마음먹었다면 자동차로 이동할 생각을 해야 한다. 뭐든 다 잘 갉아 먹는 이 들쥐의 새 고향은 정원에서 멀리 떨어진 곳 어디에서 찾아야 한다. 정원 근처의 초원은 중간 기착지에 불과하다. 거기서 아무런 방해도 받지 않은 채 식구를 늘린 다음 조만간 정원 식물이라는 영원히 뿌리칠 수 없는 유혹을 좇아 강제 이주당했던 곳으로 되돌아오기 때문이다.

물밭쥐를 확실하게 지속적으로 열받게 하거나, 식물성 먹이를 넉넉히 제공해 녀석들이 우리가 정성 들여 키운 정원 식물들을 건드리지 않도록 하는 방식도 개인적으로는 꽤나 좋을 것 같다. 하지만 이건 순전히 꿈 같은 바람일 뿐이다. 몇몇 정원 식물(예컨대 작약이나 수선화)를 빼면 거의 모든 뿌리류가 물밭쥐의 먹이이기 때문이다.

그러니 처치하는 것 말고는 달리 방법이 없다. 가장 편한 방법은 독극물을 미끼로 사용하는 것이다. 물밭쥐가 다니는 통로에 미끼를 놔두면 된다. 하지만 이런 살생 방식은 우리의 고운 양심이 결코 허락하지 않는다. 미끼를 먹은 동물이 땅속에서 계속 시름시름 앓다 죽을 것이기 때문이다. 어쨌든 그건 고통스러운 죽음이다. 그래서 나는 쥐를 잡자는 편에 서서 '톱캣(Top Cat)'이라는 기능이 뛰어난 덫을 사용하기로 결심했다. 이 덫은 파이프 모양으로 생겼는데, 안에 내려치는 장치가 부착되어 있다. 쥐가 파놓은 땅굴에 이 덫을 수직으로 박아 넣고서 파이프에 뚫은 구멍이 땅굴 통로 방향과 일치하도록 맞춘다. 그러면 쥐가 이 구멍을 지나가는 순간 내려치는 장치가 쥐의 목을 쳐서 죽게 한다. 이 장치를 사용할 때 주의할 점이 두 가지 있다. 설치해 둔 쥐덫을 늘 살펴보아야 하며, 죽은 쥐의 사체를 즉각 치운 다음 이 장치를 다른 곳에 다시 설치해야 한다는 것이다. 그리고 쥐가 예민한 코로 인간이나 다른 낯선 냄새를 맡고 위험을 감지하지 않도록 조치를 취해야 한다. 쥐덫을 장만하면 일단 흙냄새가 배도록 며칠 동안 퇴비장에 묻어 둔다. 손으로 만질 때에는 장갑을 사용하되, 장갑도 다른 일로 흙을 헤집을 때 사용해서 흙냄새가 밴 좀 낡은 것을 써야 한다. 신품 가죽 냄새나 사람 땀 냄새가 나면 안 된다는 말이다. 그렇게 조금씩 쥐의 수를 줄여 나가면 몽땅 다 잡지 못해도 녀석들이 야기하는 전체적 손해는 감당할 만한 범위 안에서 유지할 수 있다.

question
64

물밭쥐를 잡아먹는 동물은 뭐가 있을까?

안타깝지만 그런 동물이 많지는 않다. 어쨌든 가장 먼저 내세울 만한 것은 땅굴을 벗어나는 쥐를 움켜잡는 맹금류다. 이런 일은 기본적으로 쥐가 땅굴을 빠져나오는 어두운 때나 밤에만 가능하므로 중간 크기의 올빼미류가 가장 효율적인 도우미다. 일단 이들은 물밭쥐의 새끼를 잡아먹는다. 하지만 우리가 해리 포터에 나오는 전령 올빼미를 마음대로 불러올 수 있는 마법사도 아니니 올빼미의 도움을 받기란 쉬운 일이 아닐 테고, 정원도 올빼미가 둥지를 틀 만큼 크고 적당해야 정착할 텐데 그런 정원은 무척 드물다.

말똥가리, 까마귀, 황새 또는 왜가리도 물밭쥐에게 전혀 관심이 없는 건 아니다. 그러니 잘 구슬려 장미나 과일나무 묘목, 알뿌리식물의 보호 부대로 삼는다면 얼마나 멋질까? 하지만 이들도 자연과 가깝고 충분히 조용한 터를 갖춘 가급적 커다란 정원이어야 안락함을 느낀다. 그래서 주거 지역에 있는 정원을 위한 물밭쥐 박멸 특공대원으로는 대개 탈락이다. 저녁이면 고요함이 찾아오는 교외의 소정원 시설(Kleingartenanlange. 도시 외곽, 철로변 등의 부지를 소규모로 도시인에게 임대해 주는 정원 시설_역자)이라면 맹금이 공격에 나설 가능성도 있다.

쥐를 잡아먹는 육지 야생 동물, 예컨대 붉은여우나 오소리, 족제비 등을 목표로 삼아도 문제는 똑같다. 뱀, 그러니까 바이퍼라 애스피스나 북살모사는 물밭쥐 땅굴을 찾아가기도 하지만, 딱히 일반적인 정원 동물이라 할 수는 없다.

달리 말하면, 물밭쥐는 대다수 정원에서 자유롭게 돌아다닐 수 있으며 두려워해야 할 천적도 별로 없다. 그러니 앞에서 언급한 동물들이 정원에 있다면 행복한 줄 알고 올빼미, 뱀, 족제비 같은 친구들이 가능한 한 편안히 쉬도록 잘 처신하는 것이 좋다.

question 65

바구니를 이용해 물밭쥐의 공격으로부터 식물을 지켜 낼 수 있을까?

중요한 포인트는 '꾸준히' 지켜 낸다는 말인데, 제대로 된 재료로 만든 바구니라면 한 철 또는 예컨대 과일나무 묘목이 자리를 잡을 때까지 지켜 내는 데에 전혀 문제가 없다.

하지만 물밭쥐를 막아 준다고 찬사를 듣기도 하는 플라스틱 바구니는 애당초 배제해야 할 것이다. 이런 바구니는 대개 높이가 충분하지 않아서 뿌리부터 지표면까지 식물의 땅속 기관을 다 감싸서 지켜 내기 힘들다. 바구니 가장자리와 외부 사이에 좁은 틈만 있어도, 설령 바구니 가장자리가 흙으로 살짝 덮여 있다 해도, 물밭쥐가 위쪽에서 바구니 안으로 충분히 들어갈 수 있다. 여기에 더해 어처구니없게도, 플라스틱은 쥐가 깨물어도 안 뚫릴 정도로 튼튼하지는 않다. 그래서 물밭쥐가 맛난 백합 알뿌리나 튤립 알뿌리 냄새라도 맡으면 바구니의 얼기설기한 격자 무늬 속으로 들어간다. 그렇게 되면 애쓰고 돈 쓴 것이 다 헛수고가 되고 만다.

기능 면에서 가장 좋은 것은 아연 도금을 하지 않은 철제 바구니다. 토끼장용 철사를 사서 바구니를 손수 만들어도 된다. 손수 만들면 식물 심을 구덩이 크기에 맞출 수 있는 장점도 있다. 반면에 단점도 있는데, 철제 바구니 역시 시간이 지나면 녹슨다는 것이다. 다만 어린 목본류가 어느 정도 자랄 때까지는 지탱할 수 있다. 그렇다고 해서 오래 가는 튼튼한 바구니를 권하지는 않는다. 이런 바구니는 시기의 차이는 있지만 언젠가는 뿌리가 굵게 성장하는 데에 방해 요소가 되기 때문이다. 나무는 나이를 먹을수록 갉아 먹혀도 잘 견뎌 낸다. 하지만 반드시 그런 것은 아니다. 10년 된 사과나무도 뿌리가 없어서 갑자기 쓰러지곤 하는데, 물밭쥐가 뿌리를 갉아 먹은 탓으로 원인이 밝혀지기도 한다.

이런 맥락에서 축복 받은 정원사 올리버 키프가 관찰한 내용은 매우 흥미롭다. 그는 물밭쥐가 1.3리터를 초과하는 커다란 화분에 심은 나무에 유독 환장한다는 걸 확인했다. 따라서 그는 화분 속의 기질(基質)이 동물을 유혹하며 자연 상태의 흙보다 더 매력적이라고 추론했다. 내 추측으로는, 생쥐들이 화분의 기질 냄새로 식물의 뿌리가 유난히 맛난 어린 뿌리임을 파악한 것 같다. 흙과 뒤엉키지 않은 생뿌리 식물로 완전히 갈아타는 것이 쥐에게 얼마나 득이 될지는 나로서 좀 의심스럽다. 물밭쥐는 기질을 더 넣지 않은 채 심은 식물도 전혀 거리낌 없이 다가가 먹어 치우기 때문이다.

덧붙이자면, 물밭쥐가 싫어하는 식물을 심어 텃밭이나 정원까지 지킬 수 있으리라는 추측에 현혹되지는 말기 바란다. 그런 동물 몰아내겠다고 프리틸라리아 임페리얼리스나 대극을 그렇게나 많이 심을 수는 없는 노릇이다. 다른 한편으로, 이런 식물을 텃밭의 중추로 삼는 것은 아주 바람직하다. 이들은 쥐의 방해를 별로 받지 않고 잘 자라기 때문이다. 그래서 나는 오래전부터 수선화 종류만을 심어 봄 텃밭을 꾸민다. 종이 놀라울 정도로 다양한 데다 2월부터 5월까지 단계적으로 꽃을 피우며 쥐에도 매우 강하기 때문이다. 튤립도 내가 무척 좋아하는 꽃이다. 이 꽃은 화분에만 심는데, 그 화분을 내 멋대로 이곳저곳에 세워 두기도 하고 그냥 텃밭에 박아 놓기도 한다.

question 66

달팽이 퇴치, 왜 그리도 어려울까?

토박이 동물을 이용해 달팽이 수를 효과적으로 줄이는 시대는 유감스럽게도 스페인 민달팽이가 등장한 뒤로 끝나고 말았다. 이 민달팽이는 이제 독일 땅에 성공리에 정착했으며 없는 데라고는 없을 정도로 식물을 위협한다. 이들의 성공 비결은 씁쓸한 점액으로, 달팽이는 점액을 분비해 미끄러지듯 이동한다. 그런데 달팽이 포식자 중의 영웅이라 칭송받는 고슴도치 같은 동물도 이 점액 때문에 달팽이에게 별 매력을 느끼지 못한다. 다만 오리 품종 중 아주 영리한 인디언 러너는 이 달팽이를 물에 빠뜨려 맛없는 씁쓸한 점액을 씻어 내는 재주를 가졌다.

게다가 모든 달팽이류는 증식률이 높은 데다 야간에 은밀히 움직인다. 스스로 낮 동안에는 거의 돌아다니지 않는다. 이들이 원활히 움직이려면 습기가 있어야 한다. 그래야 점액의 흔적이 제대로 유지되고, 그 흔적 위에서 몸을 잘 움직일 수 있다. 달팽이는 기어오르는 데에도 선수다. 심지어 유리처럼 매끄러운 벽과 장애물도 문제없이 기어오르며, 비록 느리지만 꾸준히 제 속도를 유지해 텃밭이든 화분이든 가리지 않고 가서 맛난 샐러드용 식물, 바질, 어린 관목류의 새싹, 자라나는 달리아 따위를 찾아낸다. 이들이 먹어 치우는 식물류의 목록은 끝날 줄 모른다. 우리가 기대를 걸 수 있는 것은 사실 건조한 여름뿐이다. 달팽이로서는 그런 날씨가 견디기 힘든 생활 여건을 조성하기 때문이다. 따라서 텃밭에는 이른 아침에만 물을 주되 저녁에는 주어서는 안 되고, 달팽이의 밥이 될 만한 식물을 많이 심은 텃밭에 낙엽을 쓸어 모아 두거나 흙 위를 건초로 덮어 두는 것은 전혀 좋은 생각이 아니다. 달팽이에게 그보다 더 멋진 은신처란 없으니까.

달팽이가 오지 못하도록 조치를 취하고 싶다면 인내와 일관성 그리고 맷집이 있어야 한다. 적어도 달팽이 퇴치제를 사용할 생각이 없다면 말이다. 흔히 쓰는 달팽이 퇴치제가 효과 면에서 뛰어나다는 건 인정한다. 하지만 이런 살충제는 다른 모든 토양 생명체에게도 똑같이 해롭다. 더 자연 친화적인 것으로 철을 기반으로 하는 약제를 들 수 있다. 이 약제는 별로 유해하지 않은 물질로 분해되기는 하지만, 약효가 그리 오래 가지는 않는다. 그럼에도 이 약제는 보조적 조치로서는 제 목적을 다 해낸다. 그 밖에 어둑어둑해져서 달팽이들이 움직이기 시작할 무렵 하나하나 직접 잡는 고전적인 방법도 있다. 이때에는 구석에 처박아 둔 소시지 집게가 무척 쓸모 있다. 이 끈적끈적하고 자그마한 녀석을 손가락으로 쥐고 싶은 사람은 없을 테니까. 속임수를 쓸 수도 있다. 널따란 판자를 바닥에 깔아 놓아 보자. 그러면 달팽이는 이 판자를 기꺼이 낮 동안의 은신처로 활용한다. 그때 이 판자를 들어 올려 달팽이를 제거하면 된다. 5월이나 6월 하루 저녁만 잡아도 그 양이 상당해 양동이 몇 개를 가득 채울 수 있다. 하루만 그런 것도 아니다. 그런데 이걸 어디로 가져가지?

예를 들어 정원이 없는 인근 땅에 풀어 주는 것은 전혀 소용이 없다. 달팽이는 엘도라도 같은 정원으로 돌아가는 길을 늘 찾아내기 때문이다. 어쩌면 닭 따위를 키우는 이와 친구가 되어 이 고영양의 살아 있는 먹이를 줄 수도 있겠다. 이 방법도 쓸 수 없는 상황이라면 남은 것이라곤 달팽이를 죽이는 것뿐이다. 좀 잔인한 말로 들릴 수도 있지만, 나는 늘 끓는 물을 들이붓는다. 그러고는 저들을 빨리 죽음에 이르게 했노라 여긴다. 달팽이도 필요 이상으로 기나긴 고통을 받아서는 안 되니까.

question

67

달팽이는 봄철 언제쯤부터 돌아다니기 시작할까?

기온에 따라 다르다. 기온이 영하인 한 달팽이는 계속 동절기 휴지 상태를 유지한다. 하지만 영상으로 몇 도만 올라가도 이 자그마한 민달팽이류가 잠에서 깨어나기에 충분하다. 그런 뒤에 기온이 다시 영하로 내려가면 이들은 자동으로 죽을까? 그렇지 않다. 오히려 토양 속에서 한동안 잘 견뎌 낸다. 그러나 늦추위가 다소 오래 이어지면 초기 증식이 약화되어 그다음 몇 주 동안 달팽이의 습격이 거의 나타나지 않기도 한다.

한 해 중 맨 먼저 나타나는 달팽이는 불합리하게도 덩치가 작은 달팽이류다. 이들이 사람의 눈에 띄는 것은 대개 한참 뒤의 일이므로, 그 사이 기쁜 마음으로 터를 잡아 새싹들을 싹쓸이해 버린다. 정원 가꾸는 이들이 한 해 정원 일을 마감한 뒤 기나긴 겨울

잠에 푹 빠져 텃밭을 갈기는커녕 미처 깨어나기도 전에 말이다. 이들의 먹이가 되는 것은 대개 조생종에다 추위에도 잘 견디는 식물, 이를테면 들상추 같은 것이나 때가 되어 일찍 새싹을 틔우는 다년생 초본이다. 그래서 몇몇 수선화 꽃들에는 이미 작은 구멍이 나고 만다. 게다가 아직 낙엽들이 텃밭 곳곳에 떨어져 있어서 달팽이에게 최상의 은신처를 제공하는 것도 난관으로 다가온다. 날씨가 영하로 내려가는 것도 효과적인 방어책이 되지 못한다. 날씨가 견디기 어려울 정도로 너무 추우면 달팽이는 그냥 다소 포근한 토양 상층부 속으로 기어들어가 사랑스러운 햇볕이 주변을 다시 데워 줄 때까지 기다리기 때문이다.

그러니 그런 식물은 2월 말부터 달팽이의 첫 습격을 받을 수 있다고 일단 예상해야 하며, 그 영향도 과소평가해서는 안 될 것이다. 연체동물 가족의 일원으로 일찌감치 겨울잠에서 깨어나는 이 작은 동물은 잡아들이기도 쉽지 않은 데다 자연계의 그 어떤 천적도 이른 봄에는 사냥에 나서지 않으므로, 이 시기에는 자연 친화적인 달팽이 퇴치제의 투입이 최선책일 수 있다. 달팽이들이 봄에 죽으면 결국 더 이상 후손을 만들지 못하니 말이다. 그러니 달팽이가 가급적 덜 창궐하게 하려면, 움직일 듯한 조짐이 보이자마자 대응 조치를 취해야 한다.

question 68

달팽이의 접근을 막아 주는 식물이 있을까?

있다. 이건 정말 반가운 소식이 아닐 수 없다! 쿠마린이라는 방향 물질을 지닌 식물이 몇 가지 있는데, 꽤나 효과적인 독극물이다. 인간도 이걸 대량 흡입하면 문제가 될 수 있다. 이 물질을 함유한 독일 토박이 식물 중에서 가장 잘 알려진 것은 선갈퀴다. 쿠마린 함량이 꽃이 지고 나면 위험한 수준까지 늘어나므로 갓 만든 선갈퀴 펀치는 5월에만 마실 수 있다는 경고가 예전부터 있었지만, 이는 진작에 틀렸음이 밝혀졌다. 선갈퀴는 푸른 새싹이 나오는 내내 수확할 수 있으며 펀치는 7월에도 달갑지 않은 결과 없이 맛있게 먹을 수 있다.

이와 반대로 달팽이는 쿠마린 향을 풍기는 식물이라면 계절을 가리지 않고 피한다. 그 식물의 잎을 먹었다가는 끝장이라는 것을 아는 것이다. 이런 식물을 우리는 환경에 무해한 달팽이 퇴치제로 이용할 수 있다. 텃밭 가장자리에 선갈퀴를 빙 둘러 심으면 달팽이가 달려들지 않아서 빈틈만 없다면 달팽이를 차단하는 천연 울타리가 된다. 하지만 선갈퀴는 그늘에서만 자란다. 아무리 양보해도 반그늘은 되어야 한다. 그리고 한여름에는 시들어 버린다. 달팽이를 막아 주는 보호 장벽이 언젠가는 무너진다는 말이다. 하지만 그 정도만 해도 보드라운 새싹이 단단해질 때까지 지켜 주는 데에는 부족함이 없다. 단단해진 새싹은 달팽이가 별로 좋아하지 않는다. 이렇게 시간을 벌어 주면 많은 식물이 생명을 구한다.

쿠마린을 함유한 다른 식물로는 족도리풀(*Asarum*)이 있는데, 그늘에서도 잘 자라며 진녹색의 반짝이는 도톰하고 예쁜 잎을 가졌다. 향모(香茅. *Hierochloe odorata*)라는 풀도 있는데, 천상의 향기를 지닌 전통적인 토박이 향기 식물이다. 이 풀은 햇살 속에서도 잘 자라는데, 토양이 바스러질 정도로 건조하지만 않으면 된다. 그런데 이 식물은 생김새가 초지에서 자라는 보통의 풀과 같기 때문에, 코를 막아 향기를 맡아 보지 않거나 콧물 감기로 향기를 제대로 맡지 못하면 텃밭에서 흔히 뽑혀 나가는 식물들과 혼동할 수 있다. 족도리풀이든 향모든 똑같이 달팽이를 막는 철옹성으로 삼아 우리 밭에 심어도 된다.

question
69

달팽이라면 어떤 종이든 다 정원 식물에게 해로울까?

모든 달팽이가 식물에 위해를 가한다고 생각하면 심각한 오류일 것이다. 심지어 식물을 갉아 먹는 달팽이에 맞서 싸울 때 녀석들의 알을 먹어 치워 도움을 주는 달팽이종도 있다. 가장 유명한 것은 호랑달팽이다. 이 달팽이는 민달팽이로 엄청난 크기(대략 20센티미터까지!)와 색깔(누런 색, 밝은 갈색, 회갈색 등이며 눈에 띄는 어두운 반점을 지니고 있다.) 탓에 쉽게 정체를 확인할 수 있다. 호랑달팽이는 크기가 같은 다른 종의 민달팽이조차도 꼼짝 못하게 해서 잡아먹는다. 이들이 식물을 건드리는 때는 말라죽고 나서부터다.

식용 달팽이인 에스카르고도 마찬가지로 쉽게 식별할 수 있다. 이 녀석들은 직경 5센티미터 정도 되는 크기의 집을 이고 다닌다. 사실 에스카르고는 집을 이고 다니는 달팽이의 원형이며 그 크기 때문에라도 눈에 잘 띈다. 이 종이 자연 보호종으로 관리되고 있어서 박멸해서는 안 되는 상황조차 전혀 나쁠게 없다. 이들도 식물에 거의 해를 주지 않고 주로 시들어 가는 식물이나 버섯류를 먹어 치우기 때문이다. 다른 달팽이 종류가 낳은 알을 먹어 치운다는 설에 대해서는 의견이 분분하다. 하지만 설사 그렇다 하더라도 예외적인 경우에만 발생한다는 쪽의 손을 들어 주는 자료가 다수다.

분명히 해 둬야 할 점은, 텃밭에 달팽이 퇴치제를 뿌리면 채식성이든 육식성 달팽이든 가리지 않고 다 죽어 버린다는 사실이다. 이는 달팽이 퇴치제를 매우 신중하게, 또 절대적으로 긴급한 상황에서만 투입해야 함을 뒷받침하는 훌륭한 근거다. 텃밭에 출몰하는 달팽이를 하나씩 모아 없앨 경우, 그가 우리의 친구인지 아니면 식물의 적인지를 항상 알고 있어야 한다.

question
70

멧돼지가 정원에 들어오면 어떻게 해야 할까?

가만히 있는다. 멧돼지는 대개 밤에 오며 채소밭에만 관심이 있다. 채소가 흠 잡을 데 없는 먹이이기 때문이다. 이들이 땅을 파헤치면 모든 일을 처음부터 다시 시작해야 한다. 물론 계절이 그걸 허용할 경우에 그렇다는 말이다. 이렇게 보면 멧돼지는 진정한 파괴자다.

멧돼지가 무리 지어 정원에 온 걸 봤다면 일단 조심해야 한다. 이들은 꽤나 방어적이라 크게 소리를 지르며 팔을 휘저어도 전혀 기죽지 않는다. 새끼를 데리고 다니는 공격적인 암컷이나 다 자란 수컷은 언제든지 인간에게 매우 심각한, 운이 안 좋으면 치명적인 상처를 입힐 수 있다. 장총으로 이들을 사냥하는 행위는 특히 주거 지역에서는 당연히 금지다. 총을 이용해 멧돼지를 쫓아

내려 하는데 전문 사냥꾼이 아니라면, 무기에 관한 법률에 정통한 사냥꾼에게 자문을 구해야 하며, 사냥몰이 신호는 해야 하는지, 한다면 어떻게 할지를 상의해야 한다. 그리하여 마침내 총성이 울리면 '멧돼지 잡았다'라는 것을 사냥 나팔로 멋들어지게 알릴 수 있는 것이다.

하지만 그런 상황까지 갈 필요는 없다. 멧돼지가 대도시에 출몰하는 일이 점점 더 잦아지지만, 이들을 막는 일은 전문가에게 맡기는 게 좋다. 그리고 영리하고 적응력 뛰어나며 코가 긴 이 짐승이 한 번 방문하고 나면, 늦었지만 정원을 보호할 준비를 갖추어야 한다. 가장 좋은 방법은 금속제 울타리를 치는 것이다. 높이는 150센티미터는 되어야 하고, 콘크리트로 기초를 튼튼히 한 다음 그 위에다 울타리를 올려야 한다. 기초부터 가장 높은 지점까지, 울타리 폭 전체에 빈틈이 없어야 하는 건 말할 것도 없다. 또 정원으로 난 문에는 튼튼한 잠금장치를 달아 저녁마다 안전하게 잠가야 한다. 투자가 끝나면 이제 미학적 하이라이트를 줄 차례

다. 이런 울타리를 만들 때는 매력적인 덩굴 식물에 돈을 좀 쓸 생각도 해야 한다. 금속제 울타리는 다소 흉물스러워 그렇게라도 가리는 게 좋다. 장미, 클레마티스, 여뀌류, 살갈퀴 관목 및 이와 비슷한 식물들은 보기 흉한 구조물을 마법이라도 건 듯 정원을 구성하는 멋진 요소로 탈바꿈시킨다. 세상을 살아가려면 언제든지 긍정적인 측면도 볼 수 있어야 하는 법!

question
71

노루가 오지 못하게 할 수 있을까?

아기사슴 밤비처럼 예쁘기 그지없는 노루지만, 우리 정원에 들른다는 것을 확인하는 순간 이 녀석은 정말 사람 속을 뒤집어 놓는 존재로 돌변한다. 다행히 이들은 겁이 많아서 눈에 띄기만 하면 쉽게 쫓아 버릴 수 있다. 그렇게 한번 내쫓으면 다시는 노루가 우리 정원을 찾는 일이 없을까? 그렇지 않다. 정원에 맛난 먹을 것이 있는 한 이들은 사람들 눈에 띄지 않는다 싶으면 언제든 다시 찾아온다. 이 녀석들은 정말 미식가다. 가장 좋아하는 것은 꽃이 피기 직전의 장미 새순이다. 몸소 겪은 일인데, 6월 어느 날 밤 내가 가꾸는 정원 중 한 군데에서 그간 꽤 많이 모아 둔 각종 장미꽃의 3분의 1 가량이 새순 부분만 싹둑 잘려 나갔다. 나를 아는 사람들은 그때 내가 얼마나 절망했는지 알고 있다. 그렇게나 갈망

하던, 한 번 피는 백장미와 갈리카 품종의 빽빽한 장미 꽃잎이 완전히 사라져 버렸기 때문이다. 그나마 화려한 백장미인 '마담 플란티에' 같은 덩굴장미 품종은 노루 키가 닿지 않은 덕분에 상하지 않고 남아 마음을 조금 달래 주었다.

이들이 장미꽃 새순 내지는 새싹을 유달리 좋아하는 것은 예측 불가의 별난 행동이 전혀 아니다. 바로 여기에 대부분의 당분을 들어 있어 고영양의 완벽한 먹이이기 때문이다. 여러분 같으면 프리미엄급 식단이 차려져 있는데 일부러 질 떨어지는 음식을 골라먹겠는가? 그래서 노루의 행동은 이해가 될 듯하다.

나는 급히 여러 대응책을 알아봤고, 주위에서 많은 제안을 해주었다. 예를 들면 에탄올에 적신 천을 화단에 갖다 두는 것이다. 노루가 이걸 전혀 좋아하지 않으니, 응급조치로는 아주 훌륭하지만, 그 냄새는 나도 별로 좋아하지 않는다. 따라서 장미 화단 옆에 앉아 쉬기라도 한다면 이 방법은 선택할 수 없다. 그럴 때는노루를 놀라게 하는 경광등이 더 적합하지만, 정원 전체에 집중 조명 시설을 설치할 수는 없는 노릇이다. 개를 한 마리 구해 순찰을 돌게 하려면 크기나 성격이 경비견으로 활약하는 도베르만 정도는 되어야 한다. 그래야 효과적으로 노루를 겁먹게 할 수 있다. 하지만 안타깝게도 나는 개를 키우지 않으며, 키운다 하더라도 그런 개는 가족의 일원이 아니라 순전히 노루 쫓는 일꾼이 되고 말 것이다. 그런 짓은 개에게도 나 자신에게도 하고 싶지 않다.

솔직히 말하면, 나는 내키지 않는 방법을 마지못해 택했고 어쨌든 그 덕에 대다수 남은 장미들이 활짝 피어났다. 이번 시즌에

나는 유달리 많은 장미를 잘라 꽃병에 꽂을 수 있었다.

나중에 언젠가 숲 근처, 그러니까 노루가 출몰하는 곳에 정원을 갖는다면 울타리를 두를 것이다. 그래야 장미꽃 새순이 잘려 나가는 좌절을 막을 수 있을 테니까. 하지만 노루는 높이뛰기를 매우 잘하며 예의 주시해 울타리의 틈새를 찾아내므로 높이가 2미터는 되는 금속제 울타리를 빈틈없이 시공해야 할 것이다. 그것 말고는 다 소용없다.

question
72

토끼는 어쩐다지?

아이구야, 디즈니 만화 영화에도 나오는 자그마하고 귀여운 토끼가 채소 텃밭에서는 꽤나 성가신 존재라니! 우리가 좋아하는 채소류 거의 전부를 토끼들도 좋아하기 때문이다. 일단 그런 뷔페를 발견하고 나면 토끼는 자식, 손자까지 다 동원해 몰려든다. 절대 만만찮은 손님이다. 문제는 바로 거기에 있다. 이들은 이따금 잠깐 방문하는 것으로 결코 만족하지 않는다. 오랜 시간에 걸쳐 텃밭을 싹쓸이해 버린다.

멧돼지나 노루와 마찬가지로 토끼가 출몰할 때에도 울타리 설치는 지속적으로 정원을 지켜 내기 위한 불가피한 조치다. 이 녀석들은 높이뛰기 선수이므로 울타리 높이가 150센티미터 정도는 되어야 한다. 유감스럽게도 이들은 땅도 무지 잘 판다. 그래서 이 기다린 귀의 소유자들은 땅 아래에 토끼굴을 파서 정원 안으로 들어오기도 한다. 이때는 울타리도 소용없다. 울타리는 날씨에 잘 견디는 소재를 사용해 땅속까지 빈틈 없이 설치해야 한다. 자, 이제 땅속 얼마나 깊은 곳까지 울타리를 설치해야 하는지 권고했다. 땅속의 토끼집은 어쨌든 땅속 2미터까지도 들어간다. 물론 좀 과하게 잡은 수치이기는 하다. 하지만 토끼들이 인근 자연에 살고 있다면 땅을 1미터 정도 깊이 파낸 다음 촘촘한 철제 그물을 쳐야 한다.

하지만 토끼가 나타나는 지역이라 해도 정원에서 늘 토끼를 볼 수 있는 것은 아니다. 자연계에 먹이가 충분하면 이러저러한 작업이 늘 행해지는 정원을 토끼들이 굳이 찾을 이유가 없다. 그러나 겨울철에 사방이 눈으로 덮여 있다면 상황은 달라진다. 그런 경우 겨울 채소인 케일이나 방울다다기양배추만이 매력적인 먹이는 아닐 테니까. 나무껍질, 특히 어린 과일나무의 껍질은 토

끼에게 열량이 높은, 흔치 않은 반가운 먹이다. 그렇다고 이들 나무를 보호하려고 무조건 정원 전체에 다 울타리를 칠 필요는 없다. 바닥에서부터 식탁 높이 정도까지 촘촘하게 엮은 토끼 철망으로 나무 줄기를 감싸기만 해도 된다.

하지만 눈 내리는 양을 잘 살펴야 한다. 철망을 설치한 후 땅 위에 눈이 점점 많이 쌓이면, 토끼들은 그렇게 쌓인 눈을 발판 삼아 철망으로 감싸지 않은 비교적 높은 곳의 나무껍질에 도달할 수 있다. 보호 장치를 했으니 괜찮으리라 믿는 이는 지난 1월에 우리가 한 차례 겪은 일을 똑같이 경험할 것이다. 2층 높이나 되는 곳의 나무껍질을 토끼들이 뱅 돌아가면서 다 갉아 먹어 버린 것 말이다. 인간이란 손해를 봐야 더 영리해지는 존재일까?

question

73

애벌레는 없애고 싶고, 나비는 보고 싶은데 어떻게 하면 좋을까?

독일에는 "달걀과 오믈렛 둘 다 가질 수는 없다."라는 속담이 있는데, 알고들 있는가? 이 속담은 비유로써 아주 완전하지는 않지만 내용 면에서 이 물음에 딱 들어맞는 답이다. 나비를 보고 싶으면 나비 애벌레도 받아들여야 한다.

다수의 나비종의 경우 나비 애벌레가 야기하는 손해란 고맙게도 한계가 있다. 예를 들어 보자. 쐐기풀나비, 붉은제독나비, 공작나비 같은 아름다운 나비의 새끼들은 주로 우리가 재배하지 않거나 이용하지 않는 식물을 먹고 산다. 쐐기풀 한 무더기면 충분하다. 게다가 이 풀은 아주 무성하게 잘 자라 애벌레들이 먹잇감 부족하다는 걱정을 접어 둬도 될 정도다. 그러고도 남아서 잘게 부수어 불리고 삶거나 발효시켜 식물 영양제로도 쓸 수 있다.

오히려 배추흰나비가 설칠 때가 대응하기 까다롭다. 이름에서도 알 수 있다시피 배추흰나비의 애벌레는 배춧잎을 먹고 자란다. 여기서 우리는, 흰 색의 나비를 경험하고 싶다면 타협하라고 말할 수 있다. 배추 몇 포기를 나비 애벌레의 먹이로 내 주라는 말이다. 그리고 우리가 수확하려는 배추에서는 애벌레를 잡아 낸다. 취미로 정원을 가꾸는 이로서 풍성한 수확을 반기기는 하지

만, 그렇다고 최대 수확량에 매달려 살지는 않는다. 채소 농사를 업으로 삼는 이들과 달리 우리는 경제적으로 거기에 얽매여 있지는 않다. 그래서 그들보다는 더 관대하게 가진 부(富)의 약간을 동물에게도 나눠줄 수 있다. 카르마를 믿는 사람이라면 '복덕(福德) 통장'의 잔고를 더 쌓는 일이기도 하다. 이를 통해 나를 비롯한 모든 사람이 생물 다양성 보존에 참여할 수 있으니, 그것으로 아마 충분할 것이다. 쾰른 사람들은 "사람이 베풀 줄도 알아야지!"라고 말하곤 하는데, 참 멋진 말 아닌가.

question
74

강인함의 대명사 회양목은 왜 명나방에게 그리 약한 모습을 보일까?

그건 값싼 식물에 대한 우리의 욕심 탓이다. 한때 그토록 튼튼했던 회양목이 정원의 심각한 문제아로 전락해 버린 것은, 기록적이라 할 정도로 단기간에 회양목을 대량 증식해 저항력을 상실한 탓이다. 그렇게 재배되어 시장에 헐값으로 나오는 어린 회양목은 곰팡이를 비롯한 적들에게 저항할 만큼 튼튼한 조직을 충분히 갖추지 못한다. 그런 상황에서는 명나방도 힘들지 않게 덤벼든다.

치명적인 점은, 명나방도 마찬가지로 계속 진화한 덕에 단단한 회양목에 손상을 입힐 수 있는 형태가 되었다는 것이다. 기본적으로 그 어떤 회양목도 이들 앞에선 결코 안전하지 않다.

회양목을 좋아하는 이라면 제법 크게 자란, 아직 상처 입은 적

없는 개체를 장만하는 것이 가장 좋다. 뭐 그리 어려운 일은 아니다! 회양목은 초여름부터 원기 왕성하고 빠르게 뿌리를 내리므로 땅에 삽목한 가지를 충분히 촉촉하게만 유지하면 된다. 그것이 회양목 담장을 만들기에는 가장 좋은 방법이다. 하지만 유감스럽게도 명나방이 그곳을 찾지 않는다는 보장은 없다.

명나방을 박멸해 줄 화학적 살충제를 집어 들기 전에 먼저 생울타리용으로 쓸 수 있는 대안 식물은 없는지 고려해 봐야 한다. 독일에서는 '마이그륀'이라 불리는 동청괴불나무(*Lonicera nitida*) 같은 게 대안이 되곤 하는데, 이 식물도 까탈스럽지 않아서 회양목과 별반 다르지 않다. 하지만 회양목보다 적어도 1년에 한 번 더 전지를 해 주어야 단정하면서도 빽빽한 모양을 유지한다.

아메리카너구리가 둥지를 틀면 정원을 포기해야 할까?

이 녀석들은 사실 비글 보이처럼 생긴 시커먼 얼굴을 하고 있어서 귀엽고 사랑스럽다. 하지만 외모만 그럴 뿐이다. 아메리카너구리과의 동물들은 꽤나 영리한 데다 적응 능력도 뛰어나서 뭐든 다 이겨 낸다. 그래서 시작은 헤센주에서 우리에 갇혀 사육되던 몇 마리의 탈출이었지만, 그 사이 북미에서 유입된 녀석들이 거의 독일 전역으로 퍼져나가 제대로 정착할 수 있었다.

일단 이 모든 것은 아메리카너구리는 물론이고, 알과 새끼 동물에 대한 이들의 애호에 전혀 저항하지 못하는 독일 토박이 동물들에게 문제가 될 수 있다. 땅에서만 문제가 생기는 건 결코 아니다. 맹금류도 이들에게 알을 빼앗긴다. 하지만 아메리카너구리 무리의 우수성은, 덩치가 더 큰 동물에게도 전혀 기죽지 않는다는 점이다. 그런 동물에는 인간도 물론 포함된다. 이들에게 공포라는 걸 맛보게 해 줄 만한 진짜 적은 독일에서는 좀체 볼 수 없다. 곰은 애당초 한 마리도 없고, 독일에 존재하는 얼마 안 되는 회색늑대 무리는 사람들 눈에 띄면 난리가 나서 최근에는 제한적 사냥 대상 목록에 올라 있으며, 교활한 스라소니는 얼마 안 되는 매우 넓은 숲속에서만 산다.

만약 개가 이들 너구리를 쫓아내려 한다면 꽤나 용감하고 위협적이어야 한다. 너구리들은 개가 짖어도 좀처럼 겁먹지 않는데다 일단은 오히려 자기네가 개를 몰아낼 수 있지 않은지 시도해 보기 때문이다.

인간이 아메리카너구리를 몰아낸다 하더라도 그건 일시적일 뿐이다. 이 녀석들은 우리가 정원과 식물, 병아리 따위를 하루 종일 감시할 수 없음을 잘 알고 있으며 언제 공격하면 좋은지를 재빨리 알아챈다.

사실 이들은 속이 텅 빈 나무둥치 속에 숨어 산다. 낮에는 거기서 잠을 자고 대개 어둑어둑해지면 비로소 활동을 시작한다. 하지만 사람의 발길이 거의 닿지 않는 건물 안이나 지붕과 천장 사이의 빈 공간에서도 발견된다. 이런 곳은 훌륭한 은신처이자 정원에서 일어나는 일을 가까이에서 관찰할 수 있는 장소이기도 하다. 이들은 퇴비장에 쌓인 퇴비와 쓰레기통 뒤지는 것을 가장 좋아한다. 퇴비장이나 쓰레기통의 덮개를 열어젖히거나 내팽개치는 법은 진작에 배워 익혔다. 그래야 그 속에 있는 것이 뭔지 뒤져 볼 수 있으니까. 거기에 뭔가가 있다 싶으면 뚜껑이나 덮개 따위는 전혀 방해가 되지 않는다.

정원에 정말 아메리카너구리가 둥지를 틀었다면 참으로 초조한 신경전이 시작된다. 그렇다고 정원을 포기할 필요는 없다. 어떻게 하면 이들을 쫓아낼 수 있는지 일찌감치 사냥 전문가와 당국에 물어보는 편이 차라리 낫다. 아메리카너구리는 자연 보호종은 아니다. 이들의 개체 수를 어느 정도로 통제할지는 독일의 경우 사냥법에 정해져 있는데, 이 법은 주마다 다르다.

question
76

야생 오리가 정원 연못으로 찾아오면 좋지 않은 걸까?

연못의 크기에 따라 상황은 다를 수 있다. 하지만 단점은 없으면서 야생 오리 가족의 기운을 북돋아 줄 정도로 정원 연못이 충분히 큰 경우는 드물다.

청둥오리는 대개 이른 봄에 둥지를 튼다. 쉴 수도 있고 먹이도 풍부한 곳을 찾아 두리번거리다가 정원 연못가가 마음에 들면 얼른 거기로 가서 알을 품는다. 그 정도는 아주 멋진 일 같다. 암컷 한 마리와 그 곁에서 망을 보는 수컷 한 마리, 얼마 있다 오리 병아리 몇 마리가 태어나 돌아다니는 게 뭔 문제일까 싶을 것이다. 하지만 그건 오판이다.

오리는 배가 고프면 강이나 호수 주변에서 자라는 식물과 수생 식물을 먹어 치우고 물속에 사는 작은 동물성 먹이들을 잡아

먹는다. 그리고 연못 근처에서도 이런저런 먹잇감을 찾아낸다. 문제는 이들이 배설물을 물속에 남겨 놓는다는 점이다. 그렇게 물속에 쌓이는 것이 아무런 문제도 야기하지 않을 리 없다. 물풀의 성장을 크게 부추겨 연못 내 산소 부족을 유발하는 것이다. 말하자면 그 연못이 생명체가 살아가기에 좋지 못한 환경이 될 수 있다. 그러면 오리도 그런 곳은 더 이상 마음에 들지 않아서 양심의 가책도 없이 떠나 버린다. 반면 우리는 연못이 말 그대로 곤경에서 벗어나도록 도와야 한다.

그러므로 대문 앞에 진짜 호수다운 호수가 있어서 물이 자연스레 드나들어 물 교환이 일어나는 경우가 아니라면, 오리가 휴식을 취하는 것을 너무 오랫동안 보장해 주어서는 안 되며 알 품기에 들어가기 전에 정원을 떠나도록 조치를 취해야 한다. 금방 더 나은 곳을 찾아내기도 그리 어렵지 않다. 독일에는 접근하기 쉽고 물이 적당히 있는 곳이 제법 많으니 말이다.

question

77

왜가리가 연못의 비단잉어를 노린다면 어떻게 대처해야 좋을까?

정말 굉장했다! 몇 해 전 나는 네덜란드의 베케슈타인에 간 적이 있다. 브리튼섬과 유럽 대륙을 가르는 영국 해협의 대륙 쪽에서 개최되는 첫 정원 페스티벌을 보기 위해서다. 그때 비단잉어를 전시하려던 사람이 있었다. 그는 그리 크지 않은 농장 안채를 빙 둘러가며 해자처럼 파낸 구덩이 한 구간에다 값비싼 물고기들을 풀어 놓자는 야무진 생각을 했다. 방문객들이 비단잉어를 더 멋진 분위기 속에서 구경하기에는 보잘것없이 네모난 수조보다는 그곳이 더 좋을 것 같았다. 물고기의 기후 적응을 위해 그는 페스티벌 개최 며칠 전에 그곳에 도착해 물속에 잉어를 풀어 주었다. 하지만 그는 머리를 굴릴 때 영리한 네덜란드 왜가리는 계산에 넣지 않았다. 왜가리는 이 귀하고 맛난 음식을 발견하고는 하

룻밤 새에 참호의 비단잉어를 싹쓸이해 버렸다. 이제 손해를 본 그가 할 수 있는 최선의 행동은, 그 사건 빼고는 아주 성공적이었던 행사를 즐기는 것뿐이었다.

비싼 물고기든 보통 값의 물고기든, 물고기를 연못에서 기르려는 이가 늘 주의해야 할 것이 무엇인지 잘 알려주는 이야기다. 왜가리는 발전 과정에서 인간 곁에서 사는 게 편함을 알게 되었다. 그 결과 지난 수십 년 동안 인간을 피하는 자연적 본성마저 많이 잃어 버렸다. 이제는 작은 연못을 눈여겨보는 일이 이들에게 특별하지 않은 일상이 되었다. 거기에는 상당한 이유가 있다. 크기가 비교적 제한된 물에서는 물고기들이 제 몸을 거의 숨기지 못한다. 게다가 연못 주인은 여과 장치를 사용한다. 연못 물이 유리처럼 맑으면 마음이 뿌듯하니 말이다. 기다란 부리의 왜가리에게 연못이 훤히 들여다보이니, '부리질 한 번에 한 마리씩!'이라는 구호에 따라 물고기를 덮칠 수 있다. 정말 이보다 더 쉬운 일은 없다.

하지만 왜가리가 이런 재미를 누리지 못하게 하는 방법은 비교적 간단하다. 기본적으로 이들은 물가에 서 있으며 기껏해야 50센티미터 정도 물속으로 걸어 들어가므로 수면 아래 여기저기에 가로세로로 끈을 팽팽하게 매어 놓으면 된다. 그러면 녀석들은 어쩔 줄 몰라 하며 발을 제대로 내딛지 못하다가 곧 신경질을 내고는 떠나 버린다.

모든 일이 다 이렇게 간단하면 얼마나 좋을까.

question
78

시궁쥐는 어떤 여건에서 정원으로 들어올까?

정원에서 시궁쥐와 마주치는 게 두렵다고? 그런 걱정은 할 이유가 전혀 없다. 내가 보기에, 경작이 이루어지는 텃밭 안으로 먹을 것을 찾아드는 짓은 시궁쥐로서는 너무 번거롭고 가성비도 떨어지는 행동이다. 인간이 내다 버리는 쓰레기와 하수구에서 나오는 것만으로도 몸도 숨긴 채 느긋하고 여유만만하게 먹고 살 수 있는 길이 넘쳐난다. 그런데 왜 스스로 스트레스를 받아 가며 먹잇감을 찾아 돌아다니는 동물이나 변덕스런 날씨 등의 위험에 자신을 내던지겠는가?

물론 시궁쥐로서는 저항 불가의 어떤 일로 인해 빨려들 듯 정원으로 갈 수도 있다. 바로 대충대충 쌓아 올린 퇴비 더미다. 음식 쓰레기와 육류 찌꺼기를 거기에 버리는 우를 범한다면, 쓰레기가 잘 썩어 퇴비화하는 것에도 크게 방해가 될 뿐 아니라 잔칫상을 차려 여우, 아메리카너구리, 길고양이나 개, 시궁쥐까지도 불러들이는 꼴이다. 뚜껑이 열린 쓰레기통도 마찬가지다. 그 속의 썩어 가는 고기에서는 시궁쥐에게는 황홀하기 그지없는 향기가 모락모락 피어오르는 것이다.

시궁쥐를 꼬드겨 불러들이는 또 다른 상황이 있다. 자그마한 동물을 정원에서 키우는 것이다. 이 경우 시궁쥐의 흥미를 유발하는 것은 닭이나 토끼 같은 동물 자체가 아니라 그들의 먹이다. 이들 동물을 정원에서 키울 때 명심해야 할 일은, 매번 정해진 시점에 먹이를 주되 찌꺼기를 가능한 한 싹 치워 버리는 것이다.

덧붙이자면, 고양이 사료를 그릇에 담아 테라스에 놓아둘 때에도 늘 이 같이 해야 한다. 시궁쥐가 쉽게 와서 그것을 먹을 수 있도록 해서는 안 된다는 말이다. 배가 고파도 고양이 녀석이 사냥 나갈 생각을 하지 않거나 할 줄 모른다고? 그게 무슨 걱정이랴. 이 녀석들은 제 밥 줄 때가 되었음을 인간에게 알릴 수단과 방법을 이미 알고 있는데…….

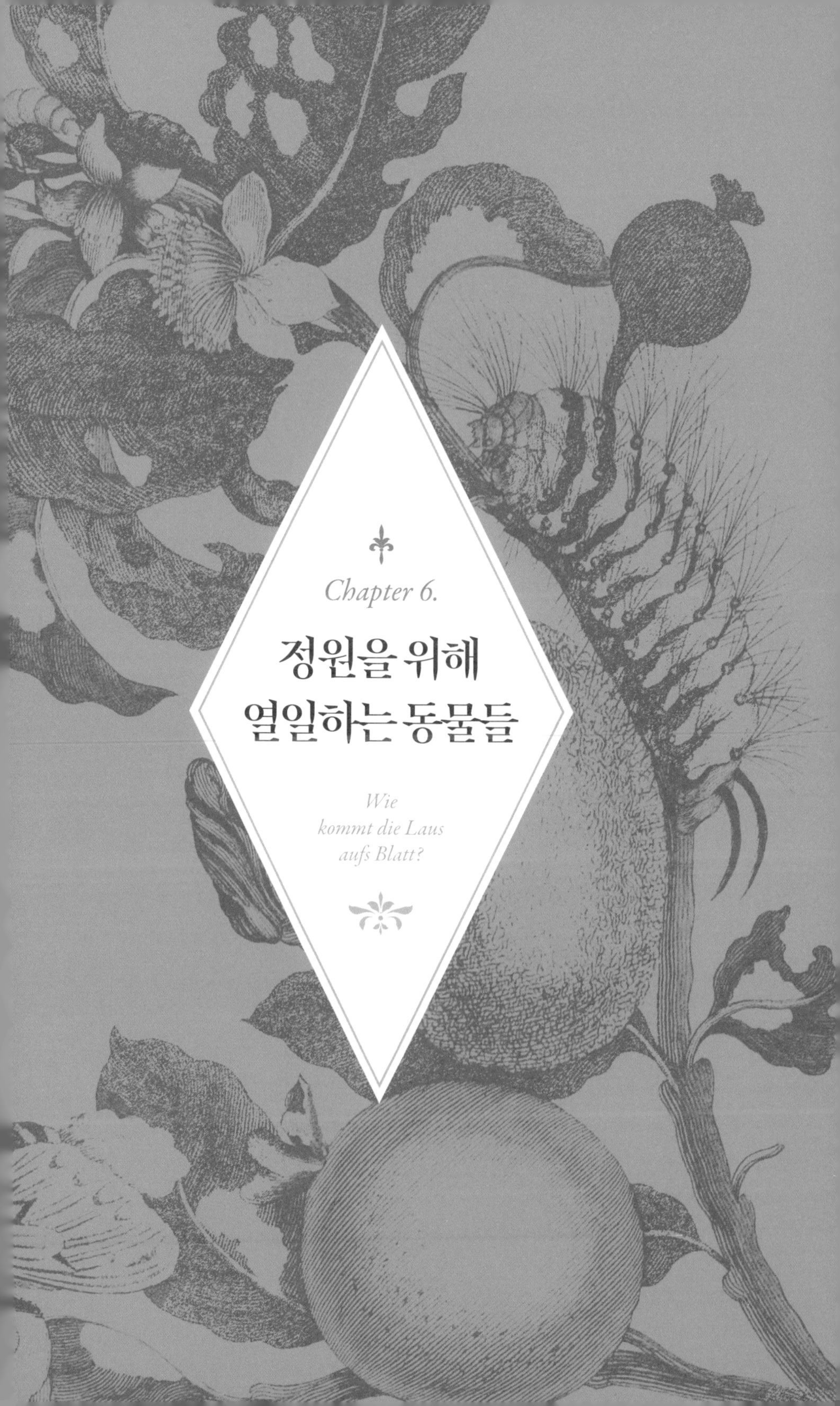

Chapter 6.

정원을 위해 열일하는 동물들

Wie kommt die Laus aufs Blatt?

question 79

달팽이를 잡아먹는 인디언 러너는 모든 정원에 적합할까?

만약 그렇다면 정말 멋진 일이 아닐 수 없으리라. 하지만 인디언 러너를 아무것도 요구하지 않고 그저 달팽이만 먹어 치우는 로봇으로 혼동해서는 안 될 것이다. 이 오리 역시 욕구를 채우지 않으면 안 되는 동물이다. 그 일은 다행히 그리 복잡하지 않다. 오리에게는 일차적으로 물이 있어야 한다. 물론 두 발로 많이 걸어 다니기는 하지만 그들도 결국 오리이며, 비록 연못에서 헤엄쳐서 멀리 이동하지는 못하지만 적어도 목욕은 하고 싶어 한다. 커다란 양동이 하나, 그리고 그 곁에 널따란 판자를 길처럼 깔아 주면 목적은 이미 충족된다. 오리가 먹을 물 놔두는 곳도 빼먹지 말아야 할 것이다. 시중에서 판매되는 좀 큼직한 화분 받침대 같은 것이면 그런 용도로 아주 적합하다. 이곳에서 오리는 물만 마시는 게 아니라 달팽이가 분비하는 점액도 씻어 낸다. 날마다 물만 갈아 주면 오리에게서 달팽이라는 연체동물에 대한 식욕이 가시는 일은 없다. 이들은 신이 나서, 자기네를 불러들인 인간들의 뜻에 부응해 일에 열중할 것이다.

먹이와 관련해서 본다면 오리는 습관의 동물이다. 이들은 실제로 달팽이 같은 작은 동물을 좋아하지만 연한 식물의 맛도 느낄 줄 안다. 그러니 식물성 먹이에 애당초 맛 들이게 해서는 안 될 것이다. 그랬다간 대번에 샐러드를 달팽이에 곁들인 반찬으로 먹어 버릴 테고, 오리의 효용은 사라지고 만다. 그러니 오리에게 식물성 먹이를 추가로 주거나 식물성 먹이로 겨울을 나게 하는 실수를 저질러서는 안 된다. 다른 방법이 도저히 떠오르지 않는다면 차라리 고양이 사료를 주라.

정원이 너무 좁아서는 안 된다. 그런 경우 오리는 다른 곳으로 가려 할 것이다. 오리 한 쌍에게 500제곱미터의 공간은 있어야 충분하다. 이들 오리는 크게 자란 나무 아래에 몸을 숨기는데, 이런 곳을 넉넉히 찾을 수 있어야 한다.

인디언 러너는 하늘을 날지 못하는 종이다. 이 점은 우리처럼 오리를 키우는 이들에게는 아주 편하다. 반면 예컨대 여우가 오리 무리를 발견한다면 이는 단점이 된다. 여우 눈에 띄면 오리는 끝장이니까. 그런 만남은 거의 어둑어둑할 때나 밤에만 일어나므로 오리들이 위험을 피할 수 있는 닭장 같은 것이 있으면 도움이 된다. 높이는 대략 1미터 정도면 되고, 오리 한 쌍이 밤을 지내는 데에는 면적 2제곱미터면 충분하다. 축사 벽은 튼튼하고, 바닥은

되도록 평평해야 한다. 그래야 다 쓰고 난 건초를 쉽게 쓸어 낼 수 있다. 또 문은 닫아걸 수 있어야 한다. 이런 건 가금류를 신경 써서 기르는 사람들에게는 그야말로 기초 지식 같은 것이다.

그런 축사는 겨울을 나는 장소 역할도 한다. 따라서 단열도 되어야 한다. 인디언 러너는 아주 강인해 겨울을 비교적 잘 견딘다고 하지만 바깥 날씨가 혹독할 정도로 추울 때는 난방을 거부할 이유가 전혀 없다. 따뜻하게 데운 벽돌이나 온수 주머니도 대환영이다.

question

80

고양이가 물밭쥐까지도 싹쓸이해 줄까?

고양이가 쥐를 잘 잡는다는 이야기는 이미 고대 이집트 사람들 사이에서도 널리 퍼져 있었다. 어쨌든 이집트 사람들은 종족 생존에 필요한 곡식 창고와 식량 저장고에 쥐가 다가가지 못하도록 지켜 주는 대가로 고양이를 신격화했다. 잘 알다시피 '사랑', '풍요' 및 '잔치'를 의미하는 여신 바스테트를 고양이 또는 고양이 머리를 한 인간의 형상으로 묘사했다. 또 고양이를 죽인 자는 중한 처벌을 받았다. 동물 보호는 이미 3천 년 전에도 중요했던 것이다. 오늘날도 마찬가지다. 우리 가족처럼 고양이에 대해 그리 대단히 감상적인 태도를 취하지 않은 사람도 생쥐를 꼼짝 못하게 할 필요가 있을 때에는 고양이를 가축으로 기른다.

하지만 물밭쥐는 짜증스럽게도 보통의 생쥐가 아니다. 이들은 보통의 집쥐보다 몸집이 좀 더 큰 데다 땅을 덮고 있는 풀 위로 몸을 드러내는 일이 극히 드물다. 그렇다 보니 고양이가 물밭쥐 사냥꾼으로 발전하는 데에 결정적인 것은 고양이의 크기, 기질 및 기술이다. 그런 일을 훌륭하게 해내는 고양이들이 있다. 내가 알고 있는 몇몇 원예 업체는 고양이에게 한때 이집트에서와 비슷한 높은 위상을 부여한다. 물밭쥐가 어떤 통로를 이용해 지하 제국으로 가는지를 일단 파악하면, 고양이 특유의 인내심으로 그곳에 앉아 기회를 잡을 때까지 기다린다. 이미 이런 걸 마스터한 고양이를 암컷이든 수컷이든 한 마리 키우고 있다면 녀석에게 어린 고양이 한 마리를 짝으로 붙여 주는 것도 아주 좋은 생각이다. 어린 동물은 학습 능력이 꽤나 뛰어나서 본보기가 되는 나이 든 동물의 행동을 아주 잘 따라한다. 이렇게 하면 이들 고양이가 물밭쥐 몰아내기의 진짜 조력자로서 대를 이어 갈 수 있으며, 먹이와 잠자리는 물론이고 사람들의 애정도 넘치도록 듬뿍 받을 수 있다.

question
81

개는 크기가 어느 정도라야 들짐승을 쫓아낼 수 있을까?

보편적으로 집을 지키고 짖어서 낯선 존재를 쫓아내기 위해 개를 키우려 한다면, 관건은 크기가 아니라 오히려 품종 및 이와 결부된 기질이다. 예를 들어 보자. 우리는 몇 해 전에 레나라는 이름의 그림같이 아름다운 골든레트리버 암컷 한 마리를 키웠다. 이 녀석은 머리통이 책상 위에 올라올 정도로 덩치가 아주 컸다. 하지만 기질은 거의 겁쟁이 수준이었다. 주둥이가 뾰족한 땃쥐가 화가 나서 찍찍거리며 몸을 벌떡 일으켜 세우면, 보는 순간 도망갔을 것이다.

어떤 야생 동물을 막아야 하는지도 물론 중요할 것이다. 하지만 비글, 테리어 또는 닥스훈트 같은 작은 사냥개 품종조차도 꽤 나 키 큰 우편배달부뿐 아니라 멧돼지가 와도 전혀 망설이지 않

고 길을 막아설 만큼 무척 용감하다. 우편배달부야 개를 공격할 이유가 없으니 마구 짖어대도 별 일 없이 넘어갈 테지만, 상대가 시커먼 멧돼지라면 사태가 커질 수 있다. 그런 야생 동물이 자기 방어를 위해 공격할 경우 개들은 크기와 상관없이 적극적으로 대응하면서도 결코 상처 입지 않아야 한다. 그러니 관건은, 개들이 그걸 아는지 또 그럴 정도로 충분히 영리한지다.

이와 달리 일차적으로 여우나 토끼 또는 노루까지도 겁 주어 쫓아낼 수 있는 개를 한 마리 키우고 싶다면, 적합한 후보의 범주는 매우 넓다. 정원을 방문하는 이들 불청객이 까짓것 물려도 좋다며 덤벼드는 일은 거의 없기 때문이다. 모든 것은 여러분이 선택한 경비견이 건강하고 결코 겁먹지 않는가에 달려 있다. 그리고 경험에 비추어 보면 수많은 잡종견들은 꽤나 영리해서 집과 마당 그리고 자기와 함께 사는 사람들을 침입자로부터 기꺼이 지켜 줄 자세가 되어 있다. 한때 우리가 키우던 금발의 레나는 어쩌면 너무 순종이라서 그랬는지도 모르겠다.

question 82

집에서 기르는 동물 중에서 최상의 거름을 만들어 내는 동물은 뭘까?

이 주제를 살펴보기에 앞서 애당초 분명히 해 둘 게 있다. 신진대사의 최종 산물에 대해 자신이 어떤 태도를 취하든, 또 아무리 인상을 찌푸린다 한들, 그것은 자연계 안에서는 다른 모든 것과 똑같은 하나의 물질이다. 죽어 버린 유기체의 조직과 하나도 다르지 않게 똥과 오줌 역시 아무런 편견 없이 개별 구성 성분으로 분해되고 식물이 이를 다시 흡수함으로써 생명의 순환이 이루어지는 것이다. 얼마나 다행스러운가! 그런 일이 일어나지 않는다면 지구는 이미 오래전 악취 가득한 황무지가 되었을 것이다. 잘 알다시피 모든 삶과 죽음은 순환한다. 그리고 버려지는 모든 것은 재활용된다.

당연한 말이지만, 땅속에 사는 생명체들도 동물과 인간이 만들어 내는 유기물 쓰레기를 무한정 처리하지는 못하며, 이를 무리 없이 분해하는 데에는 배설물을 구성하는 성분도 큰 역할을 한다. 야생 동물이 다니는 길에서는 토양 처리팀이 협력해야 할 정도로 똥과 오줌이 대단위로 쌓이는 일이 없다. 이와 달리 정원은 땅 크기가 상당히 한정되어서 가장 양질의 거름이라 하더라도 그 양과 종류를 잘 살피지 않으면 안 된다. 이 경우 예방 차원에서 코를 빨래집게로 집을 수도 있다.

거름이 어느 동물의 것인지는 본디 따질 필요가 없다. 또 신진대사 산물이 항생제 같은 약품으로 오염되어 있지만 않다면 우리가 만들어 낸 것을 정원 흙 속에 집어넣어도 괜찮다. 좀 정신 나간 짓 같겠지만, 정원이 무척 넓다면 날마다 여기저기로 장소를 옮겨 가며 마음 푹 놓고 용변을 본 다음 그걸 흩어서 흙과 섞은 채 한참 내버려 둘 수도 있다. 그리고 두 달 쯤 뒤에 그곳에 채소를 심는 거다. 하지만 누가 그렇게 하랴!

반려동물과 가축의 배설물은 우리가 보기에는 별로 대단치 않다. 그런데 토양 생명체에게는 대개 갓 배설된 똥이나 오줌이 별로 좋지 않다. 너무 '날것'이라 할 수 있으며 따라서 좀 삭힐 필요가 있다. 그것도 오랫동안. 한 일 년 정도 삭히는 게 가장 좋다. 그러고 나면 불쾌한 냄새는 거의 사라지고 흙과도 비교적 잘 섞여 들어간다. 외양간의 건초가 그런 경우다. 건초는 흙과 섞을 때 방해가 되며 분해도 매우 더디다. 가장 좋은 방법은, 믿을 만한 유기농가의 초지에서 오래 묵은, 사과처럼 동글동글한 말똥이나 넓적하게 퍼진 쇠똥(그래야 배설물에 동물 의약품이 섞여 있지 않다)을 구해 와 양동이에서 건초와 뒤섞는 것이다. 가금류의 똥도 방법은 마찬가지다. 그런데 이들의 똥은 네발짐승의 그것보다 더 오랫동안 '날것' 상태다.

텃밭의 개똥은 분명 더 모으기 쉽다. 개가 한 마리만 있어도 이미 보통의 정원용으로는 넘칠 정도로 똥을 만들어 내는 데다 이 녀석은 잔디 위에다 싸는 걸 좋아하기 때문이다. 마당을 돌아다녀도 되는 고양이의 경우 이런 '선물'은 당연히 텃밭의 흙을 갈아엎을 때에만 발견된다. 잘 알다시피 이 깔끔하기 그지없는 동물이 똥을 항상 흙으로 덮어 놓는 탓이다. 물론 고양이가 이따금 누는 똥이 토양 자체에 해를 주는 경우는 극히 드물다. 고양이가 양순해서 배변용 모래가 깔린 변기에 볼일을 본다면, 텃밭에 넓게 뿌려 흙과 섞어 주면 된다. 하지만 이것 역시 이미 어느 정도는 애를 써야 하는 일이다.

솔직하게 말해 보자. 동물의 똥은 아주 훌륭한 거름이며, 치우러 가는 출장비만 있으면 구할 수 있다. 하지만 여러분도 분명 나와 마찬가지일 것이다. 나는 차라리 원예 용품 전문점 매대에서 포장된 거름 봉지를 집어드는 편이다. 고양이 배변용 모래는 쓰레기통으로 직행한다.

나는 어쩌면 타락한 자원 낭비꾼인지 모르며, 시간이 지나 더 좋은 방법이나 새로운 정보를 알게 된다면 이런 내 견해도 언젠가는 바뀔 수 있다. 하지만 거름 속에 바닷새 배설물을 마구잡이로 채취해 만든 외국산 거름이 들어 있지 않은 게 확실하다면, 아직까지는 그걸 선택하겠다.

question 83

양 한두 마리만 키우면 풀 벨 일도 잔디 깎을 일도 없다는데 정말일까?

여러분은 잔디 깎는 일이 즐거운가? 솔직히 말하면, 나는 풀 베는 일보다는 오히려 잡초 뽑기가 훨씬 더 좋다. 늘 그랬지만 잔디 깍는 일은 시간 낭비 같았다. 그런데 어느 순간 풀이 무릎 높이까지 자라기를 기다리지 않고 잔디를 깎으면 일이 훨씬 더 수월함을 알게 되었다. 그래서 나는 이 연습을 금요일의 일과로 삼았다. '이 일 마치면 주말이 시작됩니다.'라는 구호를 내걸고 풀을 벤 것이다. 당연한 결과지만, 정원은 훨씬 더 단정해졌다. 풀을 베어 낸 상태의 푸른 땅에서는 익어 가는 과일과 채소가 곱절 더 맛나 보이고 꽃은 세 곱절 더 아름다워 보였다.

누구든 이 일을 다른 사람에게 떠넘긴다면 그 마음도 나는 이해한다. 이런 일을 해치울 뿐 아니라 그 밖에 한두 가지 쓸모 있는 효과를 가져다 주는 동물이 있다면 유기농을 철두철미하게 신봉하는 나로서는 큰 관심을 보이지 않을 수 없을 테다. 대표적인 방목 동물이 그 일을 맡을 수 있을 것 같긴 하다. 그런데 소는 덩치가 너무 크고, 재치 많은 염소는 기본적으로 울타리를 박차고 나가는 데다 다른 모든 것에 다 달려들어 먹어 치우므로, 이제 남은 것은 다루기 쉽고 아주 느긋한 성질의 양뿐이다. 하지만 그건 현실성 없는 어리석은 생각이다. 양은 혼자 다니는 걸 싫어하며, 양 떼 전체를 감당하려면 정원이 아니라 농가의 초지 정도는 있어야 한다. 게다가 양의 뱃속으로 풀이 들어가면 거름이 나오고 이 거름 역시 어떻게든 활용해야 하므로, 만약 양 떼를 빌려 풀 제거 작업에 투입한다면 절약되는 것 이상의 노동을 쏟아부어야만 한다.

얼마 전부터는 풀 베는 로봇이 대안으로 떠오르고 있는데, 이 로봇은 거실용 로봇 청소기처럼 혼자서 잔디밭을 돌아다니며 잔디를 깎아 늘 짧게 유지해 준다. 그런데 알지 모르지만, 그건 본질을 보지 못하는 것이다. 그렇게 하려면 전기도 있어야 하고 조종장치 따위를 사용해야 할 뿐 아니라, 로봇에 내장된 뭔지 모를 모듈이 해킹이라도 당하면 테라스에 앉아 커피나 포도주를 흘리는 모습이 관찰될 위험도 감수해야 한다.

양이 정원 일을 도와줄 동물에서 탈락하고 나니 이제 우리가 써먹을 수 있는 구호라고는 '사람 스스로'라는 것밖에 없다. 가장 좋은 것은 손으로 미는 방식의 수동식 잔디 깎는 기계다. 이걸 사용하면 전선도 필요없고 전선이 전동식 기계의 칼날에 잘려나갈 우려도 없다. 잔디밭이 너무 넓어서 이 기계로는 최장 한 시간 이

내에 잔디 깎기를 끝낼 수 없다고? 그러면 잔디를 떠내어 텃밭을 군데군데 더 많이 만들면 된다. 이런 텃밭은 모양이 반듯하진 않지만, 재미는 더 있다. 게다가 해치워야 하는 일거리를 잘게 쪼개서 군데군데 뿌려 놓으면 적어도 나 같은 정원 열광파에게 정원 일은 잔디 깎기보다 더 즐겁고 신난다. 정원은 그냥 정원이면 되지 '더 빨리, 더 높이, 더 멀리, 더 기술적으로!' 따위를 보여주는 쇼 무대가 아니지 않나. 그런 건 정원의 작은 출입문 너머에 이미 차고 넘치도록 많다.

그런 뜻에서 한마디 덧붙인다. 직접 풀 깎는 재미를 한껏 느껴 보시라!

선량한 이웃들

초판 1쇄 인쇄 2022년 5월 23일
초판 1쇄 발행 2022년 6월 3일

지은이 안드레아스 바를라게
옮긴이 류동수
펴낸이 이범상
펴낸곳 (주)비전비엔피 · 애플북스

기획 편집 이경원 차재호 김승희 김연희 고연경 박성아 최유진 황서연 김태은 박승연
디자인 최원영 이상재 한우리
마케팅 이성호 최은석 전상미 백지혜
전자책 김성화 김희정 이병준
관리 이다정

주소 우) 04034 서울특별시 마포구 잔다리로7길 12 (서교동)
전화 02) 338-2411 | **팩스** 02) 338-2413
홈페이지 www.visionbp.co.kr
인스타그램 www.instagram.com/visionbnp
포스트 post.naver.com/visioncorea
이메일 visioncorea@naver.com
원고투고 editor@visionbp.co.kr

등록번호 제313-2007-000012호

ISBN 979-11-90147-43-9 03470

- 값은 뒤표지에 있습니다.
- 잘못된 책은 구입하신 서점에서 바꿔드립니다.

도서에 대한 소식과 콘텐츠를
받아보고 싶으신가요?